探险系列

三次水中逃生

刘先平 著

河北出版传媒集团

河北教育出版社

图书在版编目（CIP）数据

三次水中逃生 / 刘先平著 . -- 石家庄：河北教育
出版社，2020.3
ISBN 978-7-5545-5496-8

Ⅰ . ①三… Ⅱ . ①刘… Ⅲ . ①自然科学- 少儿读物
Ⅳ . ① N49

中国版本图书馆 CIP 数据核字 (2019) 第 260619 号

书 名	三次水中逃生
作 者	刘先平
出 版 人	董素山
责任编辑	汪雅瑛 陈 娟 张 畅
装帧设计	李 奥 脱琳琳

出 版 河北出版传媒集团

河北教育出版社 http://www. hbep.com
(石家庄市联盟路 705 号，050061)

制 作	翰墨文化艺术设计有限公司
印 制	石家庄联创博美印刷有限公司
开 本	700mm×1020mm 1/16
印 张	12
字 数	120 千字
版 次	2020 年 3 月第 1 版
印 次	2020 年 3 月第 1 次印刷
书 号	ISBN 978-7-5545-5496-8
定 价	32.00 元

引领孩子走进自然、热爱自然

——培养生态道德之美（代序）

刘先平

大自然养育了人类。

人类的文明史就是起始于对自然的认识和研究。

引领孩子认识自然，以启迪智慧的发展和对自我及世界的认识，自古以来就是教育的经典。

进入后工业化时代，人类面临生态危机，更凸显建设生态文明的必要。建设生态文明，构建人与自然和谐，保护可持续发展是世界的主题，人类永久追求的目标。

中共中央、国务院《关于加快推进生态文明建设的意见》明确指出：建设生态文明必须"坚持把培育生态文化作为重要支撑"，"积极培育生态文化、生态道德，使生态文明成为社会主流价值观"，"把生态文明教育作为素质教育的重要内容"。

歌颂人与自然和谐的当代大自然文学，是生态文化的重要内容，在培育生态道德方面有着无可替代的作用。

大自然是人类的母亲，这是共识，但随着历史的发展却陷入了误区。大自然是知识之源，这是事实，但常常却被人们忽略，需要正本清源。

三次水中
逃生

一、大自然文学的内涵

大自然为人类的生存、发展提供了一切必备的条件：阳光、空气、水、食物……因而人类在早期对大自然视若母亲，顶礼崇拜，奉若神明。但随着社会的发展，人类为了满足不断膨胀的欲望，对大自然进行了无情的攫取，狂妄地任意改造自然，直到大自然严厉惩罚人类的愚蠢，人与自然矛盾的激化，甚至面临生态危机。生存危机迫使人类重新审视人与自然的关系，寻找造成生态危机的根源。审视的结果却是惊人的发现：即使是科技发展到今天，在茫茫的宇宙中仍然只有地球才是人类唯一的家园；万物之灵的人类，也只不过是大自然千万臣民中的一员；大自然中的万物组成了供人类生存、发展的生物圈，在这个生物圈中一荣俱荣，一损俱损。滋养人类的母亲也并非是取之不尽、用之不竭的源泉，她需要人类的呵护、节制才能永葆青春的美丽。总之，应尽快走出"大自然属于人类"的误区，达到"人类属于大自然"的境界——崇敬自然，热爱自然，保护自然。

毫不夸张地说，这是人类认识史上的一大飞跃！

书写大自然的文学是当今时代的呼唤和需要。如果说"文学是人学"，那么可否这样简单地来理解：我们每个人都生活在人与人、人与社会、人与自然的三维关系中，文学即是描写人与人、人与社会、人与自然的故事。但几千年，我们的文学多是描写人与人、人与社会的故事，却很少有专门描写人与自然的故事，歌颂人与自然的和谐。随着人类与自然矛盾的激化，面临着日益严重的生态危机，书写大自然文学或大自然文学应运而生。

之所以称之为书写大自然文学，意在突出人与自然的故事。第一位将西方自然文学介绍到我国的，是首都经济贸易大学的程虹博士、教授，那还是 20 世纪 90 年代，《文艺报》曾连续整版刊载了她写的评论。她满怀热爱大自然的激情，以明晰的思辨和优美、灵动、充满诗意的文字，解析、阐述着自然文学的丰富内涵，其难以企及的境界曾感染了很多读者。

　　其实大自然文学自古有之。我国的第一部诗歌集《诗经》就有很多关于自然的描写，孔夫子评价读《诗经》可以多识鸟兽虫鱼，李白、王维、杜甫、白居易等大诗人都留有众多描写自然壮美的诗篇。只是到了 20 世纪，有了新的时代使命，大自然文学有了质的变化，不再是单纯地赞美自然或以自然风景作为介质抒发作者的情感；作家有了融入自然的审美视角，进行着人与自然的对话……这使大自然文学不仅肩负着时代赋予的使命，同时也为文学艺术开辟了一个崭新的广阔空间。

　　对人与自然关系的审视，使人们逐渐认识到生态文明是一切文明的基础。试想，如果失去了生态文明，人类的生存都岌岌可危，其他的文明还有基础吗？

二、大自然文学的价值

　　精炼地说，大自然文学是描写人与自然的故事，歌颂人与自然的和谐。我这里要强调的是这个"自然"应是真实的自然，或者说是原生态的自然，是科学的自然，而不是童话或寓言式的自然。也可以叫作原旨大自然文学。

　　首先，只有还给孩子一个真实的大自然，才能引领孩子认识自然，认识自然之美，崇敬自然；否则，那后果是难以预料的。这就要求作家必须先去认识自然。其实我是用了40多年在大自然中探险并认识自然，我发现了很多奇妙的事情，如我们常见的苹果、梨子等都是结在果枝上的，但可可、波罗蜜、番木瓜却是在树干上开花结果，地榕果却是在树根上开花、结果，就连波罗蜜也有在树根上结果的禀性，更有在树叶上开花结果的叶上花，因而《奇根世界》才有可能引领读者认识生命的智慧和奥妙。西方植物学家都说："没有中国的杜鹃花，就没有西方的园林。"杜鹃花是木本花卉之王，而我们常见的杜鹃多是灌木，如映山红。然而在云南、贵州、四川、西藏却生活着乔木杜鹃，在高黎贡山更有高二三十米、胸径一两米的大树杜鹃。我前后历经21年，带着帐篷和马帮，才在高黎贡山无人区瞻仰到了它的尊容，《寻找大树杜鹃王》才能展示出生命的壮美、祖国的美丽和植物学家崇高的民族精神。《雨中探蘑菇世界》《野驴仪仗队》等，无不是这样才写出的。

　　引领读者认识自然之美，培养爱国主义精神应是具象的、生动活泼的，而不是空泛的。大自然文学把新鲜、奇异的种子，散发着清新空气的生命种进读者的心里，如《夜探红树林》中的"胎生植物"秋茄，长纺锤形的种子结在树上，直到生出了两片绿芽，母树才将它娩出，种子利用长纺锤形的结构，自由落体后稳稳当当地插入了滩涂，完成了栽植，俨然已是树苗。而这正是植物为了从陆地走向大海，适应潮间带风浪的环境，经过千万年的进化而成就的生命辉煌。这是海边，而雪山冰川下的"胎生植物"珠兰蓼却是另有妙招。再如《象脚杉木王》中记叙了我们在贵州习水看到的中国现存最大的"杉木王"。林学家说胸径达到 1 米的，就应称之为"树王"。这里最伟岸的象脚杉木王，据近年的测定，胸径有 2.38 米，树高 44.8 米，冠幅为 22.6 米。那天我们 6 个人手牵手还未能环抱。树王是我们今天唯一能看到生长了百年甚至几千年至今依然鲜活的生命！最为震撼心灵的还有我们在古庙、古迹中看到的唐柏、宋柏，大多都是苍劲虬结，充满了岁月的沧桑，这些巨柏身躯如红玛瑙般闪光流彩，鼓突的树根圆润发亮。永葆青春是美，饱经沧桑不是美吗？生命就是如此壮美！

其次，大自然文学是热爱生命的文学。眼下常有人忧虑对孩子们缺少了生命教育。地球之美在哪里？为什么只有地球才是人类唯一的家园？因为它有多姿多彩、丰富繁荣的生命！生命最为宝贵和神奇，也只有生命才能创造出如此美丽的世界！

大自然不仅为人类提供了一切生存发展的物质条件，还是人们精神家园的根基。人们总在自然中寻找大自然的抚慰，寻找心灵的风景，以构建自己的精神家园。否则，人们为什么要走进自然，不远千里、万里去旅游。

再次，大自然文学在培育、树立生态道德方面起着无可替代的作用。法律和道德是一切文明的支柱。

生态文明的建设，需要生态法律和生态道德的支撑。几千年来，人们已制定了多种调节人与人、人与社会关系的法律和道德，但却没有制定、规范人与自然之间相处时应遵守的行为准则。当人们认识到正是缺失了生态法律和生态道德，才导致了人与自然矛盾的激化，生态危机的突现，因而开始重视生态法律的制定。生态法律的制定需要不断完善，生态道德的树立仍然难以得到较为科学和完整的规范。其原因之一是：我们在"大自然属于人类"的误区中走得太久；原因之二是：相比较而言，生态道德的树立比之于生态法律的制定，有着更艰难的一面。法律是国家制定的强制执行的行为准则。道德却是一个人的品质、修养、自觉的行为，需要终生的努力，需要几代人，甚至几十代人的努力，才能形成的崇高风尚。这更加说明需要生态文化的长期熏陶，而大自然文学正是生态文化的重要组成部分。

生态道德即是人与自然相处中应遵守的规范行为，以化解人与自然的矛盾。其实质是热爱生命、尊重生命、热爱自然、保护自然——保护我们的物质家园和精神家园。而这正是大自然文学的主旨，是文学的社会功能，是时代赋予书写自然文学的任务。

最后，大自然是知识之源。人类是在认识自然、探索自然的奥秘中总结了知和识，发展了智慧，上升为科学。科学的发达又引导、促进着人类的发展，无论是从物质的层面和精神的层面都是如此。但正因为科学技术的飞速发展，特别是钢筋水泥切断了很多人与自然相连的血脉之后，人们常常忽略了大自然是知识之源这个最基本的事实。

2011年，我在西沙群岛第一次有机会仔细观察鹦鹉螺，那是在永兴岛上的南海海洋博物馆的展架上。它是四大名螺之首，它那如鹦鹉鸟一般的奇特造型，白色螺壳上橙色的火焰花纹，闪耀着诱人的魅力。来到深航岛的一个傍晚，战士小高领我们到岛的北边去看对面的晋卿岛。走在退潮后露出的大片礁盘上，意外地拾到了一只鹦鹉螺，虽然壳已被风浪破损，但仍可清晰地看到壳内螺旋迂回，形成一个个隔舱，舱之间有带相串连……我们惊喜得屏声息气。

数年前读到的一篇短文说，世界上没有几位海洋生物学家见到过活体的鹦鹉螺，因为它生活在 100 米深的海底，只在夜间才浮上来觅食。原来它要上浮时，会制造气体充盈隔舱；下潜时却排除空气，吸入海水。这种生存技巧激发了仿生学家的灵感，制造了潜水艇。于是，世界上无论是用电池作为动力的或是用核能作为动力的第一艘潜艇，都是用鹦鹉螺号来命名，以纪念它的功绩。

　　还有一说，鹦鹉螺可能是天体演变的忠实记录者。每当月色姣好的特殊时光，鹦鹉螺会与月相约，群集海面，"相看两不厌"，据说它记录了月球与地球的相对位置。真的如此玄妙？天文学家揭开了其中的奥妙：鹦鹉螺壳虽漂亮，但不光滑，而是布满细细的波状纹（在深航岛捡到的螺壳看得较清楚）——波状纹就是它的年轮，每天长一条，每月长一隔，这种"波状生长线"的条数即是每月的天数。据化石考古：鹦鹉螺在距今 4 亿多年的古生代奥陶纪，每隔的纹数只有 9 条。到了距今 3.5 亿年的古生代石炭纪，每隔的纹数已有了 15 条。在距今 1.95 亿年的中生代侏罗纪，每隔的纹数是 18 条。在距今 1.37 亿年的中生代白垩纪，每隔的纹数增为 22 条。在距今 4000 万年的新生代渐新世，每隔的纹数已达 26 条。也即是说在 4 亿多年之前，那时每月只有 9 天，随着斗转星移，每月却达到了 15 天、18 天、22 天、26 天。现今，我国的农历每月是 29 天多——大月 30 天，小月 29 天。由此天文学家得出结论：月球仍是围绕地球运转，但离地球愈来愈远了。这证实了宇宙至今依然在膨胀。

　　鹦鹉螺居然蕴涵着这么多的科学知识和智慧！

　　即使是当今被认为科学三大尖端课题的生命起源、天体演变、物质结构这些深奥的科学，有哪一项不是隐藏在大自然的无限玄机之中呢？鹦鹉螺不就记载着天体演变的信息吗？

事实证明：我们每天看到的大自然，竟蕴涵了如此多的科学知识，需要我们去探索、认识，千万别漫不经心地忽略！

大自然文学的首要任务是引领孩子们认识山川河流、花鸟鱼虫，从发现生命形态的千变万化、构造的无穷奥妙、大自然的丰富多彩开始，进而感悟到生命的伟大，热爱生命，尊重生命，热爱自然，保护自然，从而认识到必须严格遵守在自然中的规范行为——培养并树立生态道德的紧迫和重要，因为生态道德是维系人与自然血脉相连的纽带。只有人们以生态道德修身济国，人与自然的和谐之花才会遍地开放。

目　录

夜探红树林

　　红树林的风韵，洋溢在蔚蓝的大海和绿叶交相的辉映中。

　　2月份，我从红树林带回几颗种子——种子是在海南东寨港红树林自然保护区拾得的。站长送给我时，特别指着顶端的两片嫩叶说："你看，种子还未成熟就开始萌出新叶；一旦成熟，种子脱离母体掉下，又尖又长的尾部就插入了海涂，几小时后生根。若是被海潮卷走，它就过着漂泊的生活，一旦碰到滩涂，它就扎根。"

　　"多神奇！种子一落地，就已完成了一般植物扎根、发芽的阶段。任凭潮涨、潮落，它已牢牢地立足发展了。"

　　种子为长纺锤形。上端平头，长出两片绿叶，尾部又长又尖，中间是纺锤形的圆肚子；最粗处直径有1厘米多，总长有10多厘米。这就是大名鼎鼎、神奇的、被科学家们称之为"胎生"植物——秋茄的种子！

　　与其说它是颗种子，不如说它已是一棵秋茄树。种子为肉质，通体绿色泛红，有叶。

生命的形态、生命的繁衍，多么奇妙，多么丰富多彩！为了适应严酷的环境，生命的本能作出了令人感叹的、巨大的、坚韧不拔的努力！最伟大的思想家，在它们面前也得俯首沉思！

"胎生"红树秋茄的种子一落地，就已完成了一般植物扎根、发芽的阶段

我将秋茄的种子插在水石清的盆中，每天都要看它几眼。一个月过去了，它们还是那样翠绿，新叶依然两片。两个月过去了，仍然未见动静，春天就在等待中远去了。

6月的合肥，已是盛夏。中旬，我从北京回来。

进了家门，眼前一亮：秋茄长高了，顶端又绿了两片树叶。才四五天的工夫，几棵秋茄在水石清盆中，已俨然成了生机勃勃的红树林。这大约是一盆难得的盆景了，朋友们争相参观。

"胎生"红树秋茄的种子

我猛然醒悟：它们是热带、亚热带海岸水中林木，当温度达不到它们的要求时，它们也是在耐心等待，在等待中积蓄力量。一旦大自然发出了号召，它们立即踊跃呼应。

我怎么没有想到这样简单的道理？生命的底蕴、内涵，太奇妙！太神秘了！

海上森林

探寻"胎生"植物的神秘世界，是二十多年前的事。

目标是海南红树林。凭着想象，我不知道被人们称为"海上森林""海底森林"的红树林是怎样一种景象？但无论是"海上森林""海底森林"抑或"红树林"，已具有强大的诱惑力。

你想，有片森林如火焰般燃烧在蔚蓝的大海上，那该是多么艳丽、壮美的景象！

那时，从海口乘公共汽车经过琼山五公祠之后，进入一片红土荒原。

汽车停在一小镇带客。我偶然抬头，见站牌上是"美男镇"。心头一颤，立即注意观察行人，似乎没有见到多少可称为"美男"的，心里有些失望。但小镇能勇敢地伸张男人们的阳刚之气，确也令人感动。

车又前进，我问邻座的海南人镇名的由来。

他说："西边还有个'美女镇'。那里出美女，歌舞团常去那里挑选演员。"

"歌舞团也来美男镇选演员吗？"

"没听说。"他停顿了一会儿，又说，"你不能用北方人的模子挑。男人有本领就美！"

这一说引得我哈哈大笑！他对美的理解实在不一般。

说笑中，车翻过小丘，进入密密的树林中。微风中飘来一阵波罗蜜的浓香。正在寻找波罗蜜时，一片椰林已展现在面前。

椰树高大，风姿绰约，树端是累累的椰果。透过椰林树干的间隙，看到的大海是无数块明镜。

啊！海边是密密的树林，一直向大海伸展。蓝色的海水中浮动着墨绿的树冠，袅袅的雾气，从绿树中缭绕而出。蓝色的水道将森林串联成大块翡翠。几只白鹭在上空翱翔。

车在海边停下。

到达保护区，我问："红树林离这里还有多远？"

老林指着眼前像是浮在海水中的树林说："这就是呀！"

我愕然了。这就是我刚在车上看到的树林，只是到近处才发现它们有的挺立在海水中，有的树干已被海水淹没，只有树冠浮在海上。很像我的故乡巢湖边上的柳树，当夏季湖水上涨时，它们就成了水上树林。

"红树林，应该是……"我嗫嚅着。

老林宽厚地笑了："这些生长在海边潮区带的树多属红树植物。我常碰到人问：'红树林怎么不是红色的？'这就像叫银杏树的，并不是说它是银色的。当然，既然叫红树林，也是有原因的。这科的树多含丹宁树皮，材质大

红树林：热带海岸泥滩上特有的常绿灌木和小乔木群落。其中主要种类为适应盐土和沼泽条件的红树型植物。均具有呼吸根或支柱根，种子可在树上果实中萌芽长成小苗后，再脱离母林，下坠插入淤泥中发育为新株。红树林具有密集的根系，能减弱波浪、潮流作用，促进泥沙堆积。

多是红褐色。红树有十几科，几百种，是个丰富多彩的大家庭。它奇妙的生境，神秘的生命史，特殊的功能，引起了世界上各国科学家的高度重视……"

恍然有所悟，内心嘲笑自己的望文生义，但也有一丝失落。然而，老林的话已引起我另一面更大的兴趣，足以补偿无知所引起的失落。

"是现在就去还是等晚上落潮之后？"老林问。

"现在就去，晚上也去。"我有些迫不及待。

登上小木船，柴油机就轰轰地响起了。那声音震耳欲聋，和蓝晶晶的水道、绿绿的森林太不协调了。

木船犁起海浪，扑打着红树林。红树林就摇晃起来，犹如披在大海上的绿巾，被风拂动，飘扬起伏。

船拐向小河道，速度突然慢了下来。正是平潮时刻，两边的树林拥着小船，肥厚的绿叶将阳光折射，神奇的光彩效应使红树林成了无数的彩色光斑的组合……

我们一会儿觉得像是在充满色彩的世界中浮游，失去了重力，忘却所在。色彩是芬芳的，带有绿的清香、花的沁人……一会儿，又觉得像是在清晨林间的小道上漫步，浮动的地气，在腿边身旁绕来绕去……

"扑哧！"

一声鱼跳，将我们从色彩的世界唤回。海上满目的树干和浮在海上的树冠，参差相映，排列成无数奇形怪状的画面。大海是如此奇妙地生出了森林！任你有着怎样丰富的想象力，也难以勾画出海上森林多彩多姿的形象。

真是令人头晕目眩的万千气象！

眼前一亮……

"红树！"

我拉住了树枝，船也停下。这是一棵红榄李，鲜艳的绛红色的叶柄，如红珊瑚生出一片绿叶……

老林说："红海榄的叶柄、细枝也红，它们是红树林群落中的矮子——灌木。你看，那边的角果木、桐花、白骨壤、老鼠簕、小老鼠簕、瓶花木……也都是灌木。尤其是秋茄，长得最泼皮，哪里都有它。有人将它称为红树林的先锋树，生命力特强。它是'胎生'，植物种子在母树上就发芽了，特殊的构造使它落下就不怕海潮的摧残、浪的扑打。它常常是第一个来到荒凉的海边，在蓝色的海水中扎根，繁衍绿的生命，撑起一片世界，迎接其他红树的到来……"

树名古怪，怎么叫"老鼠簕""白骨壤"？

几朵美丽的花在召唤，我们绕了几条小水道才将船行到它的身旁。红树林不像陆地上的树林，可以在林间任意穿行。它的郁闭度高，船是无法进入密密匝匝的树林中的。

这是一棵高大的海桑，树头缀满了花朵。绿色的花片拥着银色的花蕊，端庄、高雅，异常鲜亮！

红榄李

说到海桑，就在不远处，还有一种海桑：因为它特殊，是海南土生土长的品种，学名也就定为"海南海桑"了。海桑单独成为一科。

显然，海桑高大的身影已说明它属乔木。在东寨港红树林保护区内，乔木树种繁多，看到高大的树木，你就可以去观察哪是海莲，哪是海漆，哪是木榄，哪是果实有毒的海檬果。

我走遍了东寨港，印象最深的是在海水中的红树林，以灌木生长得特别繁茂，而高大的乔木多在岸边。后来又去清澜港红树林保护区证实了这种印象。那里岸边村寨旁有一片木榄，粗壮、高大，形成了独特的群落。

银叶的果子非常惹眼，形状如腰果，有红的、绿的两种。红的像个小元宝，绿的如连心锁。若是用根丝线串起，那一定是赠给婴儿的最好礼品。

蟒蛇林

从迂回曲折的水道中转出，船向大海开去。我在船头突然发现，这里并没有河流入海，怎么形成了深水构成的水道呢？

老林说："别急，看看你的运气如何。如果有缘今天你能看到水底世界，这个谜也就解开了。"

快入大海了，船头却一拐，停到岸边。

老林说："这里不可不看。"

这里没有特殊的景象，只是再往前，就没有红树林了。再仔细观察，原来是段海岸，它一伸手臂就将大海圈成了一个海湾。

红树林就像是这只巨大手臂挽起的花束，献给大海，也是献给陆地。

海岸没有村寨，只有密密的树林。进入树林不远，一棵巨大的露兜立在面前。露兜巨大的根，像是树干般支撑起它茂密的叶子。叶成剑形，很硬，和剑兰的叶子相似。

我在海边见过不少露兜，然而这棵被大自然塑造得活似一位披头散发的神怪，它竟然轻轻地拨动了我的心灵。
难道它预示着什么？

是的，前面的世界惊奇得我透不过气来：树林中突然
出现了无数的大蟒，它们或昂首，或低伏；扭曲游动，由
地上向森林上空蹿去；见不到头，看不到尾，错综复杂。

这些大蟒在树中织成了一片奇异的景象和怪异的氛围。

不，不是蟒。我在热带森林中见过蟒，还在万山群岛
的一个叫蚺蛇（俗称蟒蛇）岭逗留过。

是蟒就该行动，有着三四个人浓重的气息，它们早就
该行动了。可是没有，看似在游动，其实那只是它们扭曲

童话世界才有的景象

的线条给人的感觉。

是树木？不像。我走过很多森林，自以为对我国的热带森林也不陌生。

但从没见过、也未听说有这样的树种。

是藤科植物？它们有碗口粗，带有热带雨林中树皮特有的灰白颜色。有的扭来扭去，幅度较大；有的在地上匍匐很长一段路，才又斜向上升，不久又扭向左边，似是在探寻着什么……

不，不是藤科植物！在林中未见到它们一片树叶，粗细也不均匀。

它们虽然错综复杂地拥在这片林中，但并不互相缠绕……

这些如蟒、如树、如藤的植物，似是一位大画家，用铁线在林中勾勒成了无数象形的图案。这些图案都是立体的，又是抽象的。只要变换一个角度，象形立即起了变化。

我回头望着老林，希望他给我一个说法，可他却只说："你用手去摸摸。"

在热带森林中，朋友兼着向导，常常善意地戏谑，让我上当，吃点小苦头。有种叫火树麻的树，只要你摸它一下，那手就像被红炭所灼，要疼好几天。有过这样的经历，我当然不会贸然用手去摸。

姑且称它为树吧！乍看，树干上一环一环的，很像棕桐科的，表皮既无粉状物，也无黏液溢出。

老林大约看出了我的心思，伸手就抓住了树干，我当然也就解除了顾虑。但我仍然不能判定它为何物。

老林将我领到树林外。大海就在脚下，算是风平浪静，只有微波轻轻拍岸。海岸为土质，被浪拍打得龇牙咧嘴，没有红树林的护卫，海岸的崩溃是必然的。

我以为老林是以此向我说明，红树林在保护自然中的作用，谁知他却指了指旁边的一棵植物问我："它叫什么？"

"这不是野菠萝吗？"

"真的？你再瞅瞅。"

菠萝，又称草菠萝，是南方著名的水果。栽种在地里时，只看到如剑兰一般的一蓬蓬叶子，果实坐在其中。

这棵野菠萝只不过根或是茎——现在还无法分出，姑且称之为根吧——长得特别高，大约有七八十厘米，像是竹竿顶起了一蓬叶子，也未见到果实，但我能确信它是野菠萝。突然，根上的一道道环形纹引起了我的注意。

"你再去林子里看看。"

一语点破了懵懂。我大步折回，循着那些如蟒如藤如树的东西看去。不久，秘密被发现了，在它的顶端，树林的上空，交错的隙缝中，我看到了它们的叶片。

"野菠萝？"

"还能真是蟒蛇？或者是未被发现的新品种？"

是的，林内湿润、高温，给了它充足的发展条件，但这片树林似乎是和它同时在这片土地上立足。树长高了，树冠浓密了，它为了争夺那有限的阳光，就必须和树林竞赛。

生存竞争的法则，使它无论如何也要攀上森林的上层。只有到了上层，它才能获得那充足的、宝贵的阳光，才能生存、发展、壮大！

野菠萝的根也就如躯干一般，委曲、迂回地朝着目标前进！

我们的民族，喜爱将松、竹、梅称作"岁寒三友"，喻为高风亮节。竹始终象征着铮铮铁骨，不折腰、不媚颜而赋予人格。可是，我在海南的中和镇见到刺竹，为了适应干旱的沙质土壤、气候，它不得不长出刺来。在热带雨林中，我见到过藤竹，同样是为获得阳光，它必须折节俯首在大森林中伸出枝叶去寻取阳光。

大自然将无比深奥的哲理，隐含在它的万千气象中，也表现在它的臣民的身上。

天崩地裂

眼前顿然开朗，无尽的大海如明镜一般。水是蓝的，天是蓝的，衬得飞行的海鸥格外洁白。

船突然掉回头，减速。在海上远眺东寨港，像是海岸线突然凹断，留下了偌大的港湾。但在断线中，似乎又还若隐若现地留下了一点海岸的影子……

"你看海，往里看。看看有没有什么新的发现。"老林说。

我有点愕然，难道海底有怪鱼、怪兽，抑或是红树林？难道红树林真的能生长在海底？就如海带、海藻、海菜一样？

但我还是向船边的海看去，把眼睛睁得大大的。虽然可称得上风平浪静，南海的水透明度高，但海的涌动，船的行进，还是有着波的起伏。

眼睛都看酸了，看疼了，也未见到可称为奇鱼怪兽的。

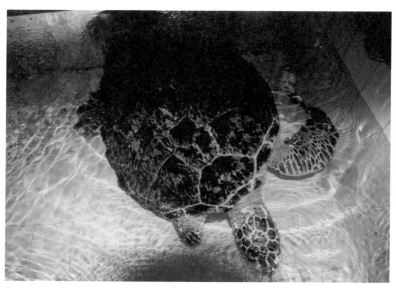

南海海水透视性好，欣赏这只优哉游哉漫步的玳瑁，是难得的机遇

很失望。

正当我要扫兴告退时，突然看到一只海龟，不紧不慢地游进了视野。它脖子伸得长长的，圆盖般的身体中，四只足非常有韵律地划动着。我连忙报告这个惊喜的发现。

老林说："那不是海龟，是玳瑁。它背甲上的花纹明丽、艳亮。"

真的，它像是嵌在蓝宝石中……

"你再往海底看。抓紧时间，风已来了。"老林顽固地发出指示。

我再努力，但始终没有看到什么，似乎又看到了点什么。我加倍努力，希望能看清那似有若无、无法想象的景象……突然，船颠簸了一下，接着就摇晃起来……

风来了。

"看样子，你无缘了……"

玳　瑁：爬行动物，外貌像龟，四肢呈桨状，前肢稍长，尾短小，甲壳黄褐色，有黑斑，很光润，性暴烈，吃鱼、软体动物、海藻等，生活在热带和亚热带海中。
主要的生活区是浅水礁湖和珊瑚礁区，因为珊瑚礁中的许多洞穴和深谷给它提供休息的地方，而且珊瑚礁中还生活着玳瑁最主要的食物。过度的捕捞使玳瑁已经成为濒危物种。

　　我很迷惘，但感到他有惊人的故事，连忙向老林追问。他不作答，反诘我："再好好想想，是不是看到了一点房子、桥、村寨的蛛丝马迹？"

　　经他这样一说，我有些犹豫了。但我确实无法断定看到的似有若无、似像不像的景象究竟是什么，只好如实相告。

　　老林像位很有经验的说故事能手，他说："话说三百多年前，这里发生了一件惊天动地的事。准确一点，是1605年7月13日，发生了7.5级的大地震，就是史载著名的琼州大地震。"

　　"发生了海啸和沉没？"

　　"不错。那真是山呼海啸、天崩地裂。顷刻之间，世世代代生活在这里的72座村寨，一下沉没，桑田成了沧海。这就是现在东寨港的由来。

　　"天气好的时候，渔民们常能看到村庄的遗址，还有石桥、坟墓、水井、舂米的石臼……水下探察，证实了渔民们看到的是真实的、存在的。东寨港不仅是国家级红树林自然保护区，而且也是考古，尤其是地震考古的重要地区……"

　　真是意想不到的一段故事！

　　在大自然中，你常常能读到拍案惊奇的文字。

　　难道它和这片红树林的生存，还有着什么关系？

　　老林说："我懂你的意思，但我说不清它们之间有关

　　水椰果也和椰果一样，具有防腐蚀能力，使之成为著名的"旅行家"。水椰并不是海南红树林的原住居民，某一天，人们却突然发现它已在此安家落户，但谁也不知道它是从哪个大洋漂来的。若真的能激发人写篇《水椰漂流记》，那故事肯定精彩极了

系还是没关系。然而我可以告诉你另外一些情况。这片红树林的存在，已有很长的历史了。目前，它是我国面积最大、品种最多、保护得最好的红树林。"

"本底调查说明：共有红树植物十五科、二十九种，大多是天然生成的。它们怎么来到这里？是谁最先到达？这片红树林的发展史，正是我们在研究的。有件奇妙的事，可以说一说。"

老林让船又驶到红树林。在一片灌木丛中，他指了棵小树问我认不认得。

我说："像椰子树，叶片和身姿太像了。"

老林说："是水椰，这里过去从来未发现过。虽然我们也正在作少量的引种，也就那么几种吧，但没有引种它。其他的都是建立保护区时，就土生土长在这片海域。科学家称这里是我国最重要的红树林基因库。

"水椰的种子和椰果一样，椰衣抗海水浸蚀，海绵状的结构使它总是能在恶风险浪中浮在水面。

"这里没有水椰，整个海南都没有！但两年前，突然发现了它的幼苗已跻身红树林中。显然，它是从遥远的热带海岸，经过千难万险的漂流，神奇的大自然或是生命的本质的追求，使它在这里安家立户，繁衍水椰的家族。"

三五只红隼、游隼在蓝天中盘旋。游隼特别活跃，不断用飞行姿势向同伴传递信息，看来是在进行一场围猎。

一只麻纹特别鲜亮的游隼，突然往下猛扎，掠过红树林，再爬高时嘴里叼起了一个小动物。

老林说："像是树鼩。"

树干上的水迹，说明已开始退潮了。

月夜海猎

新月清秀。

出了保护区，我们沿着一条小路往海边走去。

才走一小段路，老林不走了，用手电筒在路旁草丛中搜寻着，草丛中有着不平常的迹象——有条像被水流冲出的小道，草向两边披去，道上的草被压伏倒下。同行的小张惊叫一声："好大的一条蟒！"

我一激灵，猛地向前追去。只听前面响起嗤嗤悉悉声……

老林从我后面追来，一下抓住我的手："追不到了。这里还盛产金环蛇、眼镜蛇，剧毒，可别冒那个险。"

我只好怏怏而回。小张余兴未了，说起大蟒的种种故事。

船刚进入红树林，奇异的景象简直目不暇接。退潮之后，红树林成了根雕世界。每棵树都有十几枝根撑起，排成鸡笼罩形，护卫、拱托起主干。

除了支柱根，还有呼吸根和气生根。红树就像是被架托起来。顶起树干的稠密的树根，很似榕树的气根，只是主根并不十分明显。

我禁不住去摸摸那些根，软软的，有弹性。用指甲剥开，才见里面是蜂窝状，似海绵一般。我正在思索这种结构的意义时，老林说："你别忘了，这里是海水，可不是你老家湖滩上的柳树。"

"为了淡化海水？"

"叶子上也有很多的排盐线，排除海水中的盐分。"

生存竞争的法则，迫使生命需要作出何等艰难的决策！

红海榄的支柱根和气根是如此长，如此稠密！主干并不粗，像虬龙一般

潮水的起落，风浪的击打，还有太平洋上的台风……红树为了生存，历经了千万年的磨难，寻找到了特殊的繁殖方式、特殊形态的根系、特殊构造的树根，来抗击恶劣的环境，求得生存发展。

岛状的陆地裸露在红树林中。我们赤脚下水，在林中考察卤蕨、玉蕊、银叶——红树林的

　　为适应潮起潮落的冲击、台风掀起巨浪的拍打而生出的"鸡笼罩"支柱根

三次水中
逃生

家族……

　　小张的兴趣在"鸡笼罩"的红树根中搜寻，不断捡起什么往篓子里装。我走过去，提过篓子看：好家伙，已有很可观的虾了，又肥又大。

　　他说："大的是膏虾，稍小点的是斑节对虾。"

　　我生长在巢湖边，从小就对捕鱼捞虾有浓厚的兴趣。忙活了一会儿，没有收获，经受失败之后，我注意他的行动了。

　　小张总是先找红树根下有水凼之处，然后先看看树根，才伸手到水凼。有时，一个小水凼有四五只大虾。

　　不一会儿，我终于捉到了第一只虾，但被它犁形的头刺蜇得出血。虾特大，透明的，那些跷足噌噌作响，拼命挣扎、抱怨。

　　小张说："虾王让你逮着了。"

　　老林另有绝招：

海莲不仅有支柱根，而且从树枝上生出很多的气根，帮助呼吸、吸收营养

将电筒的光照在海水面上。南海的水本来就透明度高，光的穿透力强。不一会儿就抓住一只大蟹，青色的。

这位横行将军非常愤怒，骨碌着球眼，吐着白沫，一只大一只小的螯剪大张着口左右寻找对手。老林才不管它这一套，吧嗒一声就扔进篓子了。

电筒的光束，在水下成了圆圆的光晕，很像是舞台灯光，浮游生物、小鱼小虾都登上了舞台。

在这寂静的夜晚，海里却是一片繁忙的世界。一条大鱼闪电般穿过，那急急忙忙的样子，像是在追赶着什么。

青蟹在水里游动时，速度并不快，像是闲散地漫步，一副悠闲的派头，让人不忍心去破坏它的雅兴……

各种昆虫在电光的诱惑下，也纷纷闯进了光束之中。它们不仅捣乱，扰得你无法看清水中的世界，还往脸上扑，身上叮，叮得脖子、脸上奇痒。

老林说："你别老是待在一处，应勤换地方……"

我往只是闷声不响、一心捕获的小张那边挪去。

我的手电筒光圈的舞台上，突然游来一条又粗又长的蛇。小张眼尖，伸手就去抓。我知道海蛇都是毒蛇，连忙将他身子一推。

他立足不稳，顺手抓住我，结果我们两人都跌到水里。小张气急败坏护住鱼篓，连忙站了起来，我却索性坐在水中……

"怎么啦？你这个老刘？"

"那是蛇，有毒！"

"嗜！你放跑了多大的一条蛇鳗！我都好几年没见到这稀罕物了。"

"蛇鳗？"

是弱智还是留恋丰富的美味？这家伙竟然将红树下的水凼作为酒店，退潮时也不回到大海，以为是真的到了"酒店"

"是呀！真有你的，把蛇鳗当成蛇！"

我很懊恼。小张却赶快去检查鱼篓里的损失。老林见我像个落汤鸡，就说："回吧。"

小张说："还差一样。差了这一样，老刘是北方人，可要说我们小气了。"

"回去的海边也有。"

"没这里的肥。"

小张在前领路，像是往自家的菜园走去，充满自信地曲折向前。

林间突然出现了一片礁石。礁石上长满了疙瘩，那模样像是饱经沧桑……

"嚓"的一声，不知什么时候，小张已用铲子铲那疙瘩。铲下一个，就往另一个篓子里装。这是在采矿？只听说南海有宝贵的珍珠——海珠，难道这是珍珠？

是宝藏着珍珠的蚌类？不像。

那一坨坨的模样……还能是恐龙蛋化石？我的心怦怦跳，难以料想的事层出不穷。

我急忙用手去扳那灰色的石疙瘩，牢固哩；只能再用劲……

"当心割破手！"

老林的话音未落，我已疼得在甩手了，四五个血口往外淌血。没想到其貌不扬的灰头土脑的家伙，浑身长着这么多锋利的牙齿。老林连忙走过来，我将手背到后面："没事，没事。"

"放海水里洗一下。腌得疼，但能消毒。"

还是瞒不了他。手往海水里一放，那真是伤口上搓盐，疼得我头上冒汗，但血是止住了。

只有一把铲子，我和老林只好旁观。小张拿起一个灰土坨坨放到我手里："你知道它的名字，但不认识它。"

我小心地拿着，仔细端详，看出它隐约有如蚌的纹色，可以肯定绝不是什么恐龙蛋化石。但这样的蚌不算大，长不了珍珠，然而基本上可以肯定是属贝类。

我找到了缝口，小心试了几次也未掰开。有了惨痛的教训，当然更不敢用蛮力，只好捧着这个闷葫芦……

"我给你提个醒。法国的古典小说中，描写贵族们的宴会常常提到它……"

"牡蛎？"

"你不相信？"

真要刮目相看了。竟然有如此之大？一副难看的面孔中，却隐藏着这样的美味！

"保护红树林，是保护一种高能量的生态。红树林的环境，养育着丰富的海产。我们今天只是手工作业，无法捕到这里盛产的石斑鱼、鲈鱼、立鱼……若是带了渔具，我们三个人都提不走捕到的鱼虾。"

我感谢老林的安排。捕虾、捉蟹以及铲牡蛎，都让我对红树林有了深刻的了解。

……

我冲了个凉，换了干净衣服出来。桌上已摆满了虾、蟹。还有一个大盆，盛满了一个个"水包蛋"——当然不是水包蛋，但两者太相像了——我知道那是牡蛎。

牡　蛎：也叫蚝或海蛎子。世界性分布，中国已知20余种。牡蛎两壳不等，左壳（又称下壳）大，凹陷，右壳（又称上壳）较平。以左壳固着在海底岩石或贝壳等物体上生活，借开闭右壳进行摄食、呼吸、排泄等活动。主要以微小的硅藻和有机碎屑为食，是许多国家重要的人工养殖贝类。

老林说："喝点烈酒吧，驱驱湿气，要不容易感冒。"

海鲜、海鲜，只有是鲜活的鱼虾才鲜。我喜爱吃海鲜，但从未吃到过这样的海鲜！对于海蟹，我一直兴趣不大，因为那味道和我的故乡出产的毛蟹简直无法相比。进攻的目标首选牡蛎。

老林说："还是先吃虾、蟹。先吃牡蛎，虾、蟹就没味了。"

可是，已晚了，含在嘴中的一个牡蛎，不知怎么一下已滑进了肚里，只觉得它嫩嫩的、软软的、滑溜溜的。

我并没有打算如此狼吞虎咽，大约是太滑溜的原因。既然如此，何必再按老林说的进食程序。

这次我要吃得仔细一点，但刚想咬开时，它又无声无息、毫不犹豫地滑进了肚里。肚里像是具有强大的吸引力。

小张说："你吃坏了肚子可别怨我。"

老林索性停止吃虾，只是眯缝着眼旁观。

看样子，需要认真对待了。我小心翼翼地用匙子舀起一只牡蛎，雪白的蛋白，椭圆的、润润的，若是不说明，和水包蛋简直无法区别。轻轻咬开，黄黄的，泛着一些绿绿的，如嫩蛋黄的流质，汪了一匙。嗨，美味原来在这里！我用眼光询问老林：这是什么？

小张说："那不能吃，是肚肠肠！"

真扫兴，本能的反应是要立即吐出，可它的味儿是那样鲜美，鲜美得眉毛都打颤颤，但小张的话又让人恶心……

然而那味道太诱人了……

老林突然鼓掌大笑："行！你不愧是勇敢的美食家。"

原来，不知不觉中，我已将白的、黄的流质全部吃完。

我有些丈二和尚摸不着头脑。

老林说："那是牡蛎的精华，是膏，犹如蟹的蟹黄。蚝油就是从那部分提炼出来的。这里人叫牡蛎为蚝。"

小张笑得眼角挂灯笼：

"我服了，老刘！听说你去过很多危险的地方，吃过很多苦。现在我信，你明天想去红树林什么地方，我都会很高兴陪你去。"

没想到吃牡蛎，吃出了信任，吃出了朋友！

以后的年月，我还去过几次海南。每次朋友们都要请我去东寨椰林吃海鲜，那地方虽然离保护站还有一段路，但仍在保护区内。

我为了去看红树林，每次都欣然去了，然而再也没吃到过那样的美味海鲜了。

月下红树林摸虾捉鱼，误将蛇鳗做海蛇，跌坐在海水中……尤其是牡蛎的美味，都时常诱惑我再去红树林。

今年2月，春节刚过，我又应邀到了海南，林业局保护站的云大兴站长来和我商量考察计划。尽管时间很紧，要去的地方多，但我仍然毫不犹豫地说，第一站去东寨港红树林。

为使红树林更具多样性，保护区从各地选来了种子，进行规模化的育种。2009年8月，我们看到当年的小苗已蔚然成林

雨一直下个不停，车只好冒雨前行。当年颠簸的土路，已被高速公路替代。到了美男镇，面目全非，裸露出一片红壤平地。

大兴说："这里正在兴建新的大型国际机场。"

更惊奇的是将"美男"改成了"美兰"。

大兴说："可能是有人嫌它俗了。"

其实，好就好在"俗"。若是保留"美男"的名称，肯定要不了多长时间，全世界都知道有个美男飞机场！

保护区的所在地也变化得让我无法分辨，它的旁边，

　　红树林生态系统中，生活着著名的歌手灰鸫鸟、
黑喉噪鹛、福柳莺、绿嘴地鹃等几十种鸟类，特别是
近年极其稀有的黑脸琵鹭也来这里越冬。池鹭正站在
黑树上狩猎，瞅准了机会，它会一掠水面，用长喙钳
住鱼

立起了一座豪华的宾馆和海鲜馆。老林和小张也都调到别处工作了。

天公作美，雨渐渐停了。啊！红树林的面积已比十多年前大大发展了，在烟雨茫茫中，和大海连成了一片；尤其是西边，已一望无际。树长高了，浓密的树冠泛着暗绿色，表明它们在极好的营养状态中。

"现在还有人要毁林搞养殖吗？"我问。

"没有了。等会儿可去东南面看看，一条海堤上全是海鲜馆。丰富的海产说明，保护好红树林，不仅保护了自然，还保证了海产的丰富；保护了海岸、村寨，防止了风灾。效益是最好的老师！"

1992 年，红树林又被列为《关于特别是作为水禽栖息地的国际重要湿地公约》中的湿地，每年冬春都有科学家来这里观察越冬的水鸟。

在繁多的水禽中，有种黑脸琵鹭，是稀有鸟类。整个亚洲，目前观察到的也只不过几十只。几年前，发现有三四只来红树林越冬。香港的一位专家得知这消息，每年都来观察。

保护区的技术员说："今年来了 3 只，就在西南面那片树林。"

"现在就去？"大兴问。他听说过十几年前的故事。

"当然！"

三次水中逃生

"晚上还去？"

"绝对！"

"不把牡蛎当石蛋了？"

"怎么可能哩！"

后记

关于 1605 年 7 月 13 日琼州 7.5 级大地震与红树林的关系，老林没有明确的答复。

数年前，在海南上山村发现一古石碑，碑文开头文字如下：

盖奥稽古帝王发仁政以安民创事业以兴邦故吾今思地陷空暇粮米无归要众助力种茄椗以扶村长久奉官禁谕戒顽夫于刀斧损伤特为尊照

以下是种植、保护红树林的具体措施，对损害红树林惩罚的具体规定。

"茄椗"是古代当地居民对红树林的统称。

此碑立于道光二十五年，即公元 1845 年。

这是我国迄今发现的最早的保护红树林的条例，在国际上也是具有重要意义的。

碑文一开始就引 1605 年大地震为戒，警醒人们要种植、爱护红树林，以保护自己的家园，建立人与自然和谐的关系，才可能繁荣昌盛。大地震虽然距立碑文已经过去了二百多年，但人们代代相传，记忆犹新，可见那次陷落七十二座村庄，山崩地裂的可怕景象的影响。因而这种警示也就特别有力！

红树林是个独特的群落，具有独特的生态系统，生活在陆地与大海的潮间带。1983年在海南与它第一次相识后，它让我对生命的思考、选择、奋斗激发出强烈的动力。以后凡是有它身影的地方——广西、深圳、福建等，我都去拜访过。它的神奇不仅是植物中罕见的"胎生"，还在于由陆地走向大海的前进中，进化了一套抗击盐分侵害的系统。戈壁、沙漠中的植物也同样具备抗盐碱的系统，但红树林还进化了抗击风浪的根系。

为了生存、发展，生命作出了伟大的奋斗！

奇根世界

20 年之后，我想再探清澜港红树林，起因缘于在广西北海英罗湾红树林的考察。

按计划，那天是去涠洲岛观察候鸟迁徙的。涠洲岛在北部湾的海中，是候鸟们飞越大海的停留站。虽然已是 10 月中旬，但正是观看猛禽生物集群飞行的好季节。

天有不测风云，记得那晚在北海银滩游水时还是风平浪静，第二天一早却刮起了大风。在渡口等了一个多小时后，港口宣布停航。

只得将去红树林的计划提前。英罗湾红树林自然保护区的海岸线有 50 千米长，总面积 80 平方千米。

站在管理局观望，无尽的绿树与天水相接，异常壮观；遗憾刚巧是星期天，找不到向导，又值退潮，没有船，幸好这里已开设了旅游观光。我们只好沿着搭起的栈桥，在森林里迂回。

广西英罗湾的红树林

　　红海榄群落是这里的特色。我们看的这个群落，总共有一百多棵树，几近纯林。红海榄叶柄红得耀眼，挂在枝头的果实上的果柄红鲜得滴水，支柱根长得高……这一切使得这个群落在红树林中别具一格。

　　红海榄是乔木，但这个群落中的树都只有七八米高。引发了我想看到红树林中二三十米的高大乔木的愿望。高大乔木自有一种风采——1983年去清澜港红树林的印象浮上了心头，久久挥之不去。

　　于是，我们结束了在广西寻找白头叶猴、银杉王、瑶山鳄蜥等之后，从桂林又赶到海南。

三次水中逃生

一叶小舟向大海漂流

清澜港红树林在海南文昌河的入海口。

那是个雨后的大晴天。11月的海南岛，阳光灿烂，原野清丽。

出发时却不太顺利，自然保护部门原计划要来一位向导，等了半个多小时也没来。而我们的行程安排得很紧，且气象预报那夜又要有雨。朋友陈耀时任旅游局局长，只好临时通知文昌县，请他们安排向导。

文昌是椰林之乡，一望无际的椰树铺展在海边，那亭亭玉立的身姿，风中拂动的羽叶，洋溢着南国风情。

尽管时间很紧，我们还是禁不住诱惑，停车进入椰林小憩。

巧哩，椰树研究所就在路边。然而那天是星期天，原想询问的事情只好仍然装回肚子中。

这里的椰树高大、粗壮，虽然没有三叉椰、两叉椰、神秘椰那些风采各异的椰树，但每棵椰树的顶端都有正在开的花、结的果。幼果、成熟的果——熙熙攘攘，一派繁荣的景象，还是撩动着每个人的心绪。

我知道在另一边的海滩还有着新品种——矮化椰树。

风送来一阵机器的运行声，我们在林中拐了两个弯。好家伙，这里椰果堆积如山，遍地铺着晾晒的棕色的椰衣。

美丽的椰林自有特殊的风韵，海南人对椰林有着特殊的感情。无论是乘飞机还是坐海船，临近海岛首先映入眼帘的就是椰林。它犹如绿色项链环绕着宝岛，树干通天，羽叶秀逸，椰汁可饮，椰肉富含蛋白质、脂肪

　　原来是座小型加工厂，将椰肉、椰汁加工为饮料，其中椰奶是驰名产品，椰壳是著名的椰雕原料。当然，椰壳的大部分是加工成椰棕，做成各种缆具。看着那椰衣如瀑从机器上下来，李老师感叹："真没想到椰子全身都是宝。我也明白了，海南人为什么这样爱椰子！这也是人与自然。"

　　清亮的文昌河从县城中蜿蜒，这儿是和平战士宋庆龄的故乡。

　　我们并未在这里登船，车向东南行去。当文昌河再次

三次水中逃生

拦在面前，这才下车。

文昌河流到这里，一改秀气而变得豪放，河面壮阔，波澜起伏。远处，两岸一片葱茏，那是出海口的红树林。

在浓荫深处寻到了一条小木船，这时有位黑瘦的老头从堤上匆匆下来。

小木船很简陋，唯一的装备是船尾的一台小柴油发动机，下部连着舵。舱里躺着一根只有两三米长的竹篙。

李老师看着我，我装出什么也没看见。

开车的司机看着两位向导。

向导却正在你看我，我看你。

船太小了，就是乘这样的船在这条大河上航行，再到大海？

黑瘦的老头已解下缆绳，说了句海南话；虽未听懂，但意思很明确：要我们上船。

但谁也未动作。一路上兴致很高、想跟我们看热闹的司机这时宣布："我不去了！"

李老师仍然看着我。我是在巢湖边长大的，从小就喜欢驾船、划盆。我对她说："你第一个上，坐到船头去。没事！"

她说："把摄影器材留下吧！"

她完全有理由担心这样的小船在如此宽阔的河中航行，随时有倾覆的可能。若是人都顾不及了，还顾得上摄影器材？

事已至此，我也只有硬着头皮说："不用，我说没事就没事！"

她虽然胆小，但多少年来随我一同经历探险生活，只要是我决定的事，即使是险象环生，她也绝对同行。

李老师上船了，虽然颤颤巍巍的，还是顺利地坐到船头。

等到旅游公司来的向导上船，可就麻烦了。先是小青年，倒是一副满不在乎的样子，可脚刚落到船上，他就失去了平衡，手舞足蹈，如跳迪斯科一样……

"张科长，别踩船边，身子稳住。"

岸上一片惊呼。

黑瘦的老头未出一声，敏捷地下到水中，一手稳船，一手将他抓住，按他蹲下。

李老师脸色木然，两只手紧紧抓住两边的船沿。

后上的是位很富态的中年人。惊魂甫定的张科长说："吴经理，脚往船中心落。"原来是位经理。

看样子，他已知道刚才的险情是出在重心落到船边，船一晃，他越是要保持平衡，那船也就晃得格外厉害。

吴经理稳重得多，可刚上到船上，那船就往下一沉，沉得人心慌，因为船沿离水面也只三四寸了。

我上船后，要张科长仍蹲着，我和吴经理各坐一边。张科长随时挪动位置，以求得船体平衡，很像是在钢丝绳上玩把戏。

等到黑瘦老头坐到船尾，那船沿离水也就只不过方寸间了。

"船上也没救生圈？怎么搞的？"

说话的是吴经理，好像直到这时才有了大发现。

黑瘦老头一扯绳子，发动机"扑噜噜""轰隆隆"响起了。船头微微翘起，浪花飞溅……

"够刺激的！"张科长对李老师大声说。

李老师可笑不出。她正在风口浪尖上，水花像疾雨一般飞溅，双手要紧紧把住船沿，又要护住摄影装备，但这时已无法调换位置。这是我的疏忽，我没有想到黑瘦老头开船这么猛。

原想请吴经理告诉船长，但看他煞白的脸色，只好自己开口："你把船开慢点！"

黑瘦子船长将下巴一扬——迎面驶来了一只大船，船头犁开了水浪，如雁翎展翅。

我明白了他的意思：两船迎面对开，对方是大船，掀起的浪高大；我们是小船，如不在速度上占优势，那相激的浪肯定要将小船掀翻。这时减速或停船，无异于自取覆顶之灾！

船长，看你被海风吹黑、被浪颠得精干的身姿，我知道你是惯于风浪的，你眼里也根本没把内河里的这点小风小浪当回事；可你想过没有，这四位乘客可不全是在水边长大的。

想什么都没用了。我将位置调整了一下，靠近李老师站直了身子，叫她坐到船舱底部，又将唯一的三米多长的竹篙顺到她的脚下。告诉她万一船翻了，摄影器材等什么也别管，但千万要将竹篙抓住——那毕竟是救命的稻草，因为她根本不会游泳。

大船一声笛鸣，震得我们一惊。随即小船就在浪峰上跳跃，一会儿波谷，一会儿浪尖。

吴经理一声不吭，但面色如土。

小张科长又惊又喜地尖叫。

李老师紧紧抓住我的手臂。

摄影包在船里来回滑动。

我却像乌江行船的老大，随着浪势不断调整身子，力求保持船的平衡。

"进水了！"小张惊呼。

我早已看到，船往哪边侧，哪边的河水就涌了进来。

"别动！找死？"黑瘦子吼声如雷，震住了小张。

大船的涌浪已经过去，我们的小船也减了速。

嗨！迎面已是红树林了！

千真万确，船拐进了红树林中的水道。河湾中挤满了红树植物，组成了奇妙的图案，只是片刻船已经靠岸。

三次水中
逃生

有毒的红树

吴经理刚上到岸上，随即"哇哇"大吐。吐得山摇地动，似是要将五脏六腑都吐得干干净净。小张只好又是搀扶又是帮他捶背。

我们全身都已湿透。

李老师急匆匆地打开了摄影包，取出了照相机，又急急忙忙地回到船上。我也赶紧走了过去。

她的镜头正瞄着一朵奇异的粉红色的花，那花像羽毛一般，中间挺出长长的花柱。柱头为绿色，底部已有一扁

海桑果实。它与我们见到的桑葚大相径庭，倒是很像青柿子。正是生命形态的千姿百态，才形成大自然的丰富多彩

海桑的花

这种红树果实长得有些怪模怪样

圆形的幼果，如青柿子一般……

啊！是海桑的花。我们为了拍一张完整的海桑花，不知浪费了多少胶卷。前几次，要么距离太远，要么风大枝摇，要么只见到花而见不到花底的幼果。谁知却在这里发现了。

然而，李老师没有按下快门，是角度不好。我请正在往外斛水的船长挪动船的位置，但不是有枝叶遮挡，就是光线不好，最后只好很勉强地拍了几张。

我们忙活完了，吴经理也直起了腰，擤完了鼻涕，又擦眼泪。

上到堤顶。啊，真是柳暗花明！这片红树林由木榄、海莲、红榄李、海漆、玉蕊、海桑等组成，多是乔木。

有的树冠阔大，有的树冠秀气，各种群落构成了不同的层次，比海边潮间带的红树林有了另一种风采。

林中片片沼泽，水荡如明镜般闪着光亮，在绿茵茵的蜃气中弥漫着绯红的霞雾，几只白鹭在其中轻盈地飞起落下。

在经历了惊心动魄的航行之后，这片红树林的世外桃源焕发出无限的温馨，分外诱人……

李老师不断按动快门的响声，犹如小夜曲般跳动着欢乐。

"挑这条路，就是要让你们看这片景色！"

黑瘦子船长的声音激起我心头轻轻一颤，努力在他的脸膛上寻找，可那里黝黑黝黑，分明塑造着饱经风霜的坚毅，我只在他的眼角发现了一些显得得意的线条。

"这是哪一片？我怎么没来过？"已稍有恢复的吴经理问起了船长。

"这边路难走。从你们旅游路线过来，还要翻几个水坝子。我看这两位先生能禁得住风浪，真的爱红树林，才改了路线。"

第一次听他说了这么多的话，在心里搅起了小小的波澜，充满了

玉蕊的花，像是孔雀头上的花翎，不知为什么它的果却是吊在空中的

44

海柚果。海柚树是乔木,常有十多米高。但它的树叶并没有柚树的阔大,果实也比小型蜜柚小得多

对他的感激。想必这里有难得一见的景象。

未走几步,吴经理一改刚才的萎靡,兴奋地指着左边的一棵树:"快看,这上面结了果,是海柚,我已几年没见到这稀罕物了。"

树约有十来米高,树冠浓密,那厚厚的叶片也似柚子树一样。

李老师第一个发现了海柚果——它藏在密叶中,个头不大,不像作为水果的柚子一只有四五斤,只如常见的橘子大小,那颜色也深沉得多。全树找来找去,也就那么七八只。

李老师却急急忙忙往坡下走去,差点滑了一跤,原来是

别看海漆树的果子并不恐怖，但海漆树也和漆树一样，能使一些人过敏，生出又疼又痒的漆疮。漆疮的解药就在漆树身上——山民们用漆树根煎水洗疮，有奇效

地上落了一只海柚。她拣来后如宝贝般端详一番，才小心翼翼地收到了包里。真有她的，一面在密叶中寻找海柚果，一面还能发现掉在地上的。

这时，她又发现了稀罕物，身旁有棵树的树干呈棕褐色，很高，但叶子稀稀拉拉，有的枝上只有一两片叶子。

在这树冠浓密的林中，它确是怪怪的。难道是落叶树？我们还没听说红树林中有落叶乔木。

她正伸手去攀枝时——"碰不得！"吴经理大喝一声，吓得李老师连忙缩回了手。

我已跌跌跄跄地跑到了她的身边，但并未发现什么异常；又特别仔细搜索了那树枝，因为有些蛇和毒虫的保护色和树枝是相似的——竹叶青蛇若是在竹子上，你只要不留意，它就如一节竹枝——仍然什么也没发现。

"赶快离开那边！"

李老师迅速撤离，我也稍退后两步。

"你们对土漆有没有过敏反应？"

吴经理这样一问，我心里猛然一惊：他说的土漆是生长在山野的漆树，产质量上乘的漆。在化学合成漆出现之前，油漆家具和用品一直是使用它。汉墓出土文物中的用具，至今依然熠熠发光，靠的就是那层漆膜的保护。

但别说是生漆了，即使是漆树，也散发出一种刺激人的皮肤、产生过敏反应的物质。

我曾亲自经历过这样的事——那年我们在山野跋涉，路旁的几棵树上的红叶引起大家的兴趣，因为时值初秋，尚无霜染，它为何已红得如霞？小林还摘了两片叶子。

到了晚上，小林的身上突然起满了红斑与水泡，又疼又痒。房东一看，问我们今天碰过生漆没有。

大家面面相觑，摇头。

房东又问："你们碰过漆树没有？"

谁也不知道漆树长的什么样子。

海漆树：常绿乔木，高2-3米。枝无毛，具多数皮孔。叶互生，厚，近革质，叶片椭圆形或阔椭圆形，少有卵状长圆形。花单性，雌雄异株，聚集成腋生、单生或双生的总状花序。种子球形，直径约4毫米。花果期1-9月。生长于滨海潮湿处。

我猛然省悟："是不是那几棵叶子已红的？"

房东说："这就对了。他生的是漆疮！你们说这是过敏。"他又对小林说："不能抓，忍忍，抓烂了要化脓。"

小林说："谁想抓呢？痒得钻心。"

看着小林痛苦、烦躁不堪的样子，房东说："现在天黑了，明天一早就去挖些漆树根来，熬水洗疮，很快就好了。"

真是，解铃还须系铃人，解药就在漆树身上。

从此我知道了漆树的厉害。

"那么，这棵树是不是就叫海漆？"

"对极了！就叫这名，也是红树林家族的。"吴经理很高兴，"它的树液有毒。你对土漆不过敏，可以剥开枝子上的树皮看看。"

"你当心，别大意！"

我相信土漆对我不能奈何，因为我不仅多次从漆树下走过，甚至还用手试过生漆。即使如此，我还是掏出了小刀，慢慢剥开树皮。

枝上确实沁出了如乳汁一般的树液。闻了闻，似乎还有些香味，也未嗅出特殊的怪味……

"据说它还是一种香料。很难相信，它得病后或是变成腐木，就自然演变成散发出香味的香料。但这种香味不能像沉香那样保持长久。"

后来，我在高黎贡山、怒江大峡谷考察时，有次，朋友请我享用一种傈僳族、普米族同胞喜爱的食物——夏拉，事前问我和李老师对土漆有无过敏反应，我说没有。朋友说，夏拉是用漆子油煎鸡丁，直到将鸡丁煎焦，然后倒进苞谷酒煮……

不久，那盆美味端上来了，香味扑鼻，在座的两位傈僳族朋友直咂嘴，那位白族的朋友直吸溜着往下淌的口水。朋友给我盛了一碗，并进行指导："边喝边吃鸡丁，千万别光顾着喝或只顾着吃。"

我试了试，一股浓烈的醇香直钻肺腑，在胸腔中燃起火热，比一般的酒更具有穿透力；那鸡丁又酥又辛辣，怪味十足。

当大家又吃又喝，扫荡了碗里的饮料、食物综合体之后，傈僳族的朋友唱起来了。有几位离席跳起了奔放的舞蹈，聚会渐渐到了忘我的境地……

朋友说，做夏拉少了漆树种子油可不行，漆油有种特

夏　拉：云南省怒江傈僳族自治州的特色美食，也称漆油炖鸡，逢年过节或是远方朋友到来时，当地人们都会做这道菜来款待客人。

怒江傈僳族自治州地区盛产漆树，用它的种子提炼出一种可食用的油——漆油。漆油炖出来的鸡，肉质香嫩、酥甜可口，还有着一股漆油独有的清香。

殊的香啊！

俚僳族、普米族的同胞，对植物世界有着深刻的认识。

自然界就是这样千奇百怪、变化万千，才具有了无比的神奇。

两栖树木长板根

吴经理说："红树林中还有种树叫海檬果，有剧毒，等一会儿指给你们看。在红树林中要像在热带雨林中一样，不要轻易去碰不认识的植物。"

由海漆、海桑、海桐、海莲等名称，我想到第一次去东寨港时，保护区的老张说过：红树林的树木，原生陆地，是长期处于海边的生存环境，使它们逐渐向大海延伸，逐渐适应了潮间带的潮涨潮落并成为"两栖"植物。

刚经过一片茂密的红榄林，眼前是一片池塘连着池塘，有的池塘中还留有几棵红树。以此判断：这里原来也应是红树林。

我问吴经理，他沉吟了一会儿才说："挖塘养鱼、养虾、养螃蟹……你看，埂边、池内家宝树都留下了。家宝树不仅能制药，还有螃蟹特别爱吃它的叶子……"

我问的当然不是这个意思，有关红树林内的高生物量了解得并不少，我是问为什么在保护区内竟然毁树造塘？

吴经理先说这可能是在保护区之外，后又说搞不清楚，这要找到保护区的人才能明白。突然有个不愉快的感觉出现：原先说好来向导的，为什么又不来了呢？

在这方面，我们已有深刻的教训。以东寨港为例：它原有红树林五万六千亩，经历1958年、1975年两次围海造田后，砍去了大面积的红树林，只剩下了两万六千亩。

失去红树林的护卫之后，造起的田禁不住海浪侵蚀。浮游生物大量减少，海产一蹶不振。直到建立了保护区之后，经过这么多年的努力才恢复到近四万亩。

人啊！为什么要毁坏自己的家园呢？是愚蠢还是……

突然脚下一滑，眼看着要跌入水塘时，我赶紧扭转身子，不知怎么一下竟然滑溜溜地滚到外埂。幸好，跌得不重，只是滚了一身烂泥。

小张他们急急忙忙赶来。

我说，没事。见旁边有一水凼，就踏着稀泥去洗手。站起来时，正前方的一棵榄李引起了我的注意，严格地说，是它的根很奇特：板根在地面上向外生长了四五块板状的根，最大的一块板根约有一米长，六七十厘米高。

这种板根和热带雨林的板根几乎没有区别。板根是高大树木的一种力学选择，由于自身的高大，需要有巨大的板根来支撑。

可是这片红树林中，这棵树也不过就十来米高。转而

这棵红树的板根和指根长在一起。指根是某些红树在特殊环境下的呼吸系统。这种现象向我们提出了一个问题：这棵红树是否同时具有板根和指根呢

一想，它在潮间带生活，要抵御海浪的冲击，则必须有支撑系统。

它和秋茄、海桐等的支柱根——群众称之为鸡笼罩的作用应是一样的，但我在广西和福建、广东的红树林中都没有见到这种典型的板根，这应算是这片红树林的一大特色。

它是否也像支柱根一样，具有呼吸和排除盐分的作用呢？秋茄的支柱根上就有很多的气孔。我曾在东寨港剥开它看过，那里如海绵一般，具有淡化海水和呼吸的功能。同行的老张说，这剥破的地方几天内就会生出一个气根。

支柱根也是气根。

我正准备脱鞋赤脚下去看看时，黑瘦子船长说："这里有沼泽坑，而且各种尖利的贝类的壳壳很多。看来你对这些红树根根有兴趣，我再开船带你去别处看看，兴许能看到更容易接近的。"

这当然是求之不得。

吴经理站着未动，用海南方言问船长什么，船长也用方言回答。最后，吴经理犹犹豫豫地才挪步跟着走。

我估计他是想从陆路过去，而船长可能是说路远或过不去。

一行人小心翼翼地下到船上。黑瘦子船长发动了机器，于是小船就像蛇一样在红树林的绿色水湾中游动。

这是在海南清澜港发现的红树科植物，竟然也像热带雨林大树一样长出了板根抵御海风海浪

在一片水椰处，船速减了下来。

我急忙拉住它的叶子，想找水椰果。

水椰果是味良药，可治哮喘。据说，水椰果中无水，不像椰子那样储满了汁水。

椰汁为人们提供了可口的饮料，但对椰树自身来讲，椰汁绝不是这样的功能，而是为了繁衍后代。1983年我在惠东地区考察时，主人曾介绍过引种椰树的经验：选种时，首先是抱起椰果摇，有水响的才可作为种子；无水响的则弃之。

那么，水椰果无水，它靠什么来滋养胚芽、让它出生呢？

我问同行的人，谁也没有回答。

难道椰壳可以淡化海水？

红树林为了适应海水的生活环境，它们创造了绝妙的生存机制！

搜寻的结果令人失望，都没有找到水椰的果。船长说："别着急，有时间我总能够帮你们找到。"

刚进入一片较高的海桑林，像是顷刻跌进了绿色的隧道。绿光中的一切都发生了变异、幻化，波浪如一群怪兽在追逐，红树在跃动……

"哗啦"一声水响，惊醒了在绿色梦幻世界的徜徉。

一只漂亮的小鸟用长嘴钳住一条小鱼，得意扬扬地掠起，扇动着翠蓝的翅膀；在空中稍作停留，然后一转身，极准确地从树隙中飞走。

看清了，这是一只鱼狗，只有它才能表演在空中停留的动作。捕鱼能手小翠鸟也有这样的本领，而且还可以在空中倒车。它们的羽毛虽然都以翠蓝和大红为主，但翠鸟的个体要小得多。

奇妙的指根

出了梦幻隧道，展现在面前的是林下的一片幼苗，密密麻麻地长在浅水区。

奇怪，这些幼苗是黑褐色的，没有一片绿叶，全都是光秃秃的。看似密密麻麻，又似有着一定的排列次序……

再看那林子，大都在十多米高，从树的外形看，很似海桑。吴经理证实说，是海桑的一种。

我想：这难道是海桑的种子落下，自然出苗后又被扼杀？

曾听植物学家说过，红树林中有的树木对在自己林下的种子发芽、成林呈拒绝的态度。因为幼林将直接影响母树的生长，所以释放出一种物质窒息这些幼芽。

我请船长靠近一些，想看个明白。船长说："这些水道都很窄，那边的水又很浅，你不就是要看那些根吗？"

"什么，什么，那些全是树根？"

　　海桑是红树林中的伟岸乔木。千万别以为它是用栅栏围起自己的领地，那不是栅栏，是它的根。因为滩涂淤泥深厚，根在其中无法呼吸。生存的压迫使它反其道而行之，将根向上长，露出水面，畅快地呼吸。当地人称之为"指根"，不知是竖起手指还是指问苍天

　　这棵海桑树冠犹如绿云，基部的直径最少在一米之上，也就有了庞大的指根系统。据我们初步观察，它的面积似乎与树冠面积相似。这大约是世界上最为奇特的根系——根据生命的需要作出最具智慧的决定

"对呀！是冒出地面的根呀！它们都像计算好了，大潮时都没不了顶，根还戳在水面上。那年围海造田时，我们把这些根砍了，大树不久就死了。不是根是什么呢？"

我猛然省悟：对呀，它们如手指，指问苍天！这是红树林特有的指状根，也称"指根"，是气根的一种。因为海边潮间带的滩涂多是淤泥，透气性能差；某些红树，只好反其道而行之，将根向上长，拱出淤泥的封固，从空中呼吸新鲜的空气！

从海桑林下的指根范围看，基本上与树冠相等，但为何如此稠密？毫无疑问，这是海桑呼吸和排除盐分的需要！

在陆地上，我们常忽略了植物的呼吸。而在红树林里，在陆地与大海的过渡地带，植物却是如此瞩目地显示着这一需求！

船速很慢。我们像是在红树林中漫步，随着船长的引导，一幅幅

树干上布满了泛着红色的斑斑点点，这些斑点是它呼吸的气孔，有的还可以排出体内多余的盐分

生命形态的画卷尽展眼前。

你看，同是支柱根，那形状和结构也随着树种的不同、距离海水的远近而有所区别。

漂过几处水湾后，看到的这片指根却异常粗壮，顶端也是圆的！

无论是支柱根、板根或指根，都是红树家族为扩大领土，从陆地走向海洋的一种选择。为了这种选择，为了适应潮涨潮落，为了适应含盐的海水，它们在生命的形态上作出了惊人的变化！

这些变化产生了新的物种，展示出生命的顽强不屈，展示着生命的创造，展示出生命的伟大！

难怪植物学家们正在努力探索红树林奇根世界的奥妙！

海边也是湿地。近年来，世界上的科学家们以巨大的热情关注着湿地。有人说湿地是大地的肾，也有人说湿地是生物多样性的表现。且不管对湿地如何评价，但有一点是肯定的，人类必须保护湿地！

不知什么时候，船长关掉了发动机，拿起了篙竿，在一个稍大的水凼中慢慢地撑起。

小张眼尖，攀住了一根木桩，顺手从桩下拉起一根绳子。拽起绳索，一个尼龙线编就的、铝质圆环衬里的长圆形笼子渐渐出水了：

嗨！三四只大螃蟹正在其中哩！它们愤怒地吐着泡沫，

高扬着蟹剪，骨碌着眼睛，找对手玩命！

这种笼子是海边渔民常用的一种渔具，进口小，螃蟹呀，虾呀，进去觅食后很难再出来。

小张等到我们看清了，才又将笼子放入水中。大约十多米距离，他又提上一个笼子，这只笼子只有一只横行将军，但有几只大虾。又提了两只笼，都有收获。

在这范围只有五六十平方米的水凼中，下了近十个笼且笼笼都有收获，看来这里的水产是丰富的。

船长说："渔民都知道，红树林中的鱼虾多，近些年，大家也都很爱护。最怕的是养殖户，他们专挑在红树林中挖塘，沾红树林的光，不顾子孙的饭食！"

他又说："在红树林中养牡蛎可以不投放饵料，因为它喜爱吃的水虫子多。今天时间来不及了，明天将带你们去牡蛎养殖场看看。"

发动机突然响起，闪开海湾中的渔船，快速地行驶。海水时时倾进船舱，但已没有了大惊小叫。与其说是我们习惯了这种危险的航行，还不如说是船长已取得了大家的信任。

在危险和困难时刻，人们也最容易沟通，并得到相互的信任。

船长说，晚上的海湾，这里、那里都闪起了渔火。这几年发展了灯光诱捕，那才是一片繁忙的生产景象！

说着话，船已停靠到岸边。吴经理不明就里，船长说

红树林营造了一个高能量的生态，水产特别丰富，水道中布满了各种网具。这个蟹笼中已有了两三位横行将军，这里所产的蟹特别肥，蟹黄格外厚

要让我们看稀罕。

清澜港的红树品种较多，原生的有三十多种，而东寨港的只有二十多种，但它从澳大利亚等地引进了四十来种。对这点，我已有了深刻的印象，不知他还要给什么稀罕看？

上岸后，穿过一片红榄林，迎面的村寨旁出现一片高大的树林。是海桑！翠绿的树叶织成了浓密的树冠。

树高有二十多米，胸径总在七八十厘米。浅褐色的树干油光闪亮，表明了它的青春活力。

我仔细寻找，没有发现指根。

　　水边的海桑有指根，而陆地的却没有，这是否证明了
生命形态的选择是由于生存的需要？

　　啊！这是树王！是红树林中的树王！

　　红树林中不仅有乔木，而且和一切的树种一样，有树王！

　　树王是一部鲜活的历史，它忠实地记录着这片土地的
气候、天文以及各种变迁！

　　是我无意中的一句话——在第一次经历风险后登岸时，
看那些乔木红树时随口问道："最大的红树有多高多粗？"
这句话引起了这趟观瞻树王之行！

　　我想起记忆中的木榄群落。1983年来时，它们高大挺
拔的身影一直深深地印在脑海中，也是引发我再探清澜港
的动力。

　　船长说："明天我领你们去，在海湾的那边。"

　　感谢你，黑瘦子船长，你领导我们今天的红树林之行！
感谢你的情意，感谢你对我们的理解！

　　临分手时，船长小声地对我说：

　　"今晚你俩还到这河湾找我，我驾船领你去看红树林
中的渔火海市，去捕鱼捞虾……"

　　太妙了！我庄重地点头。

红树林院士

红树林是生长在热带、亚热带海岸潮间区的森林，又称为海上森林。它是一个特殊的森林系统，在我心间也就有了特殊的牵念。二十年来，只要有机会，我总是要去探访，因为那里的谜太多，奥妙无穷。

人与自然的和谐相处、共存共荣，是永恒的主题。

生物多样性，是生物世界繁荣的标志。

三年前的4月，我和李老师去福建考察。先在武夷山探索了生物多样性之谜，继之到龙栖山、梅花山国家级自然保护区寻找华南虎的踪迹。我国虽有虎数种，但只有华南虎是特有种，是真正的中国虎。根据动物学家对化石的研究，华南虎与原始虎最为接近。

但华南虎已销声匿迹很有些年头了，直到近年才又不断有虎踪的报道。这是保护自然的成效。

5月初，我们离开梅花山自然保护区。在参观了永定、

三次水中
逃生

土楼内层看似一目了然，其实很有讲究：水井粮仓、消防设施一应俱全，陌生人进入寻人、办事还颇费周折

南靖的土楼之后，我们直奔漳州与厦门，探访我国红树林自然分布区的最北线。

由每天跋涉在崇山峻岭中，突然来到了海边，心情和景色都发生了变化。

阿嫂挖土笋

漳州是荔枝之乡，正是荔枝花信勃发的时节，花穗挺出，黄色的花朵稠密，登高可见壮丽的碧海黄花！

　　水仙更是举世闻名。我们经过圆山时，主人说，只有圆山东侧所产的水仙为正宗，西侧的就要逊色。

　　前两天下了一场雨，我们出了龙海浮宫镇，就见九龙江大堤后面浓密的红树林如绿色的长城，蜿蜒起伏！那就是龙海红树林自然保护区。

　　此处是九龙江的出海口，为冲积平原。我们在圩间泥泞的小路上行走，又险又滑，比攀山越岭多了另一份乐趣。你要防止滑跌，就得不断调整姿态，转体或弯腰曲背，大家戏称"扭秧歌"。

　　上堤的一段路只不过二十来米，没走多远，大家已大汗淋漓，只好手牵手。保护区的小林像是拖拉机，将我和李老师拉了上去。

这个以海莲为优势种的群落，占据了大片的海滩，林内有纵横的水道

到达堤上，红树林织成的屏障却将大江掩去，平添了神秘。红树林沿着堤外的坡度，一直向江边延伸，只能在枝叶的缝隙中看到九龙江的波光。

这片红树林主要由秋茄、桐花木、木榄、白骨壤组成群落。我们眼前的这片林子主要是木榄。木榄属红树种，树高多在六七米，对生的椭圆状叶为革质，碧绿油亮，长势良好，枝头挂着青色的果实。

果实很长，有十一二厘米。我们剥开果实蒂处，见已有小小的嫩芽冒出。这就明确地表明：它是典型的"胎生"。当那嫩芽已能独立生存时，它就要脱离母体成为自由落体，插进滩涂。

神奇的"胎生"植物引起了科学家探索生命的奥秘。

据资料载明，九龙江口的红树林品种较少，只有数种，并没有木榄的自然分布。我的心里很奇怪。

木　榄：乔木或灌木，树皮灰黑色，有粗糙裂纹。叶椭圆状矩圆形，花单生于长 1.2-2.5 厘米的花梗上，盛开时长 3-3.5 厘米。花果期几乎为全年。
　　　　在我国分布广，是构成我国红树林的优势树种之一，喜生于稍干旱、空气流通、伸向内陆的盐滩。多散生于秋茄树的灌丛中，材质坚硬，色红，很少作土工木料，多用作燃料。

保护区的小林将我们领到一河湾处，其实这是一条小河汇入九龙江的出口。眼前顿然开朗，宽阔的九龙江

海莲的种子

犹如一个大湖，波涛滚滚，对岸的景物朦胧。

堤下的滩涂上长满了幼树，发现其中有海莲和木榄。

小林说："厦门大学林鹏教授多年来一直从事红树林的研究，是这方面的首席科学家。"

将海南的某些红树林树种引种到福建，以丰富红树林的品种，是研究课题之一。福建的原生品种都具有抗寒性能，

海　　莲：乔木或灌木，高1-4米，胸径20-25厘米，树皮平滑，灰色。叶矩圆形或倒披针形，两端渐尖。花单生于长4-7毫米的花梗上，盛开时长2.5-3厘米，直径2.5-3厘米；花瓣金黄色，长9-14毫米。花果期为秋冬季至次年春季。
喜生于滨海盐滩或潮水到达的沼泽地。与木榄类似，多散生于秋茄树的灌丛中，材质坚硬，色红，很少作土工木料，多用作燃料。

乍看海莲的花很像是果实。当你走近，就会看到它鲜红的花盘内娇艳的花蕊，这时你也许能联想到石榴花

要将喜爱高温的红树适应低温，难度不小。

林鹏教授的试验基地就建在这里。木榄和海莲都是从海南东寨港红树林保护区引来的。我们已看到了，引种是成功的。那些较高的树是第一代，它们的种子已繁育出了第二代。

我想起在一份资料上看到，由于红树林的特殊价值，浙江的温州、乐清也已引种了秋茄。

小林说："林教授通过对红树林的生理、生态研究，已总结出了整套的北移引种经验。温州引种成功，是这项科研成果的开花。林教授在这里还进行了一系列的研究和试验，譬如红树林的能流、物流、生理生态学、污染生态学……"

我记得海南红树林保护区的主人曾介绍过，每一万平方米红树林的枝叶生物量达到惊人的数字，他引用的数据就是林教授的发现。

红树林对镉、汞等重金属和泄漏的柴油有较强的吸附力，因而在消除污染方面有着重要的作用。

这种研究工作，其中一些项目是同时在海南、广西、广东、福建等地进行的。

红树林中传来了笑声，不久见到了三四位妇女的身影。她们头上扎着帕子，右手提着铲子，左手提着小桶，裤角卷得很高，满腿烂泥。

退潮后，赶海的首选地是红树林，那里的虾、土虫、蟹、跳跳鱼特别丰富。海猎归来的阿嫂，满心喜悦地担着沉沉的土虫桶

小林说："挖土笋的。"

红树林中有笋子？我自信已走过中国绝大部分的红树林自然保护区了，还从来没在红树林中看到过竹子。难道竹子也从陆地向海洋进军？

等到她们上到了堤上，我紧走几步撵上，急忙去看小桶。哪里是什么笋子？全是黑不溜秋的、如土蚕一样的小虫在里面蠕动，最大的也不过两厘米多长……

"这就是土笋？"我问。

那位大嫂只是微笑着。

小林说："是呀！它的营养价值高着哩！几十元一斤。怎么，你以为是竹笋？"

我不知该怎么回答。

小林宽厚地笑了笑："北方来的朋友都有这样的想法。红树林中的土笋最多、最肥。阿嫂，你们今天收获不少啊！"

那阿嫂赶快声明："我们都是按照要求，没挖树根下的，一棵树也没伤。"

真的，每人都挖了小半桶。

泥沼危险

我问："怎么不挖了？"

她抬头看看已近中天的太阳，说："还要去赶市哩！"

这片红树林是在九龙江的堤外。刚才，我就想进入红树林看看这里林子的特点，现在又有了这样的好机会，还能放过？但总也不好意思请哪位留下带领我去挖土笋。

经过一番周折后，小林从一位熟悉的阿嫂手中借来了铲子。

李老师也要脱鞋，我说你还有摄影器材哩，我们陷到烂泥坑里，最多是滚出个泥人，照相机可不行。好说歹说，她才同意在岸上同行。

三次水中
逃生

红树在水沼地组成了另一种景象，与海边的红树林组成的景观有着迥然不同的风格。这或许就是红树林的多种审美价值吧

我脱好鞋，做好准备。

待李老师走开后，小林才说："这里有海潮，原来又还有很多的小河汉，红树林起来后，淤泥造了新地，将很多小河汉掩盖起来了。要是掉进那里，也和掉进沼泽地的泥坑差不多。进入林子后，你得听我的，要不现在就穿上鞋子……"

这家伙，居然下扣子了。在野外探险时，碰到这种情况，我总是非常真诚地点头，满口答应，因为我也不愿意发生性命攸关的危险。同时，我还很感谢他没当着李老师的面说，免去了她的担心。

刚进入林子，那景象和巢湖边的柳林区别不大，各种昆虫直往脸上扑，往衣裤上爬。一股绿色的清香使人心旷神怡，我是在巢湖边长大的。

土笋生活在滩涂中。再往下走，那就不一样了，烂泥很深，堤上的木榄、秋茄的支柱根不太发育。但在潮间带，它们有了支柱根，虽然这些支柱根没有在海南看到的奇特。

临水的一片秋茄林多有一米高，没有支柱根，但根部粗壮，主干却比它要细得多。我近前去仔细查看，发现那粗根上有很多气孔，难道在九龙江口，它的支柱根变成了像棒槌一样的板根？

"蟹，青蟹！"小林急呼。

看到了，就在我的左侧，连忙伸手去抓。

一只青色的大蟹，圆眼骨碌着，举起大螯对着我的手。正当手在躲闪时，它横着身子，发动了四对爪子，如蜘蛛在丝上滑行一般向水边逃跑。

我紧撵几步，眼看就要抓到，可它不是张钳就是舞爪，总是在一瞬间差之毫厘。

渔猎是人类的本性，这种基因无法磨灭。小林也加入了围捕。

看到它总是向水面逃，到了江里，也就到了最安全的地带——我钦佩它横行时识别方向的本领。

对策当然是要到它前面将它兜头拦住。

突然，我的脚下空虚，心知不妙，连忙收腿……哪里还能收得回来。只听"扑通"一声，跌进了烂泥，身子直往下沉。眼见旁边有棵小秋茄，我赶紧抓住。

小林也眼疾手快，跑过来将铲子往地下一插，一手抓住铲柄，一手拉住了我。这时，我感到脚已落在稍硬的土上……

"怎么啦？"传来了李老师在堤上的呼叫，肯定是听到了跌进泥沼声，但又看不清林子里的我们。

"没事！"我赶紧答了一声。

费了很大的劲，在小林和那棵秋茄的帮助下，我才爬了上来。

好家伙，这泥沼真深，淹到了我的肚脐上，简直成了泥人。再看小林，也是满身烂泥，连脸上也成了花的。

两人相视大笑。

小林说："都怪我，要你警惕泥沼地，我却忘了。"

我说："怪那只青蟹，是它的引诱。"

小林说："回吧，都这副模样了。这身烂泥可不舒服，生了病就……"

"哪能呢？现在回去不是冤吗？大难不死，必有后福，肯定有好事等着我们。"

说实话，满身的烂泥，又腥又臭，裹在身上很不舒服。

小林说："靠着树根走。"

　　我哪敢大意？到了江边，看江水流得并不很急，但也只敢在浅水处涮洗。

　　我还是往刚才陷进的泥沼那边走去。小林说："你还想再玩一次心跳？"

　　我只笑了笑，因为在陷进泥沼时看到了稀奇。

　　不错，它还在那里。这是一只正向青蛙成长的蝌蚪样的动物，但比蝌蚪大，前面长了两只腿，后面拖了根长尾巴。它趴在秋茄的树干上。我曾在哪里见过。

　　小林一定是看到我那聚精会神的样子，说："还不快抓住？跳跳鱼也是几十元一斤！"

　　它就是跳跳鱼？难怪有似曾相识的感觉哩！它的学名叫弹涂鱼，因为它可以像青蛙一样蹦跳，当地的老乡叫它跳跳鱼。我在海南红树林见过。

　　"它会上树？"

　　"长两条腿干什么的？长了就得派用场呀！这是红树林里的特产！"

　　面对万千的生命形态，智慧大门常能豁然开朗！

　　我拍着巴掌赶它下来，可它麻木不仁。只好用手去赶，它才急匆匆地往下一跳，落到泥沼上，又噌噌地跳了几下，才在一小水凼里停住。

　　水凼中的招潮蟹立即往洞里一缩，收起螯钳，只是瞪着眼睛。招潮蟹橘红色的背壳很鲜艳，一个螯大，一个螯

跳跳鱼，又叫弹涂鱼。它长有腿，很似正在变态的蝌蚪。它不仅会游泳，而且能在滩涂中跳跃，更具有上树觅食的本领，简直是童话中的小精灵

很小，大约是不对称美的祖先。

小林不同意再冒险了，说："有一处滩涂土笋多。"

我们就向他说的地方走去。

在林中行走，我逐渐看出了一些特点：靠江边的地段大多是幼树；幼树带之后是成林；再后面又是幼树，靠近堤上的又是成林。这是人工营造还是自然形成的？有一点是明显的：因为红树林有造地作用，江边的是自然新生的幼苗；若是营造，则是为了护卫大堤。

桐花树是灌木，叶子肥绿，正开放着小而密的白花。

怎么没有看到老鼠簕？小林说，都快给挖完了，传说它可以入药，人们都来挖，看也看不住。

来到一片滩涂处，小林挖了几处，一个土笋也不见。

在我一再诘问之下，他才承认不是本地人，从来未挖过土笋。只听说过土笋住在泥中，地上有洞，至于是什么形状的洞，洞外有无像沙蟹推出的土，洞有多深……却一概不知。

只有靠碰运气了，我想还是用笨办法吧。他挖出一大

"招潮蟹"的名字足以表明了它的生活特性。它穴居在滩涂中，当海潮上来时，就钻进洞中；潮落后迅速出来，扬着左边巨大的蟹钳，像位独臂将军横行天下

块泥土后，我将土掰开，又捏又摸，终于摸到一个软软的、直蠕动的小东西。取出一看：哈哈，真是土笋哩！

我说："这土笋不就是海南说的沙虫吗？"

小林说："也对也不对。听说它们都属栖息在滩涂中的星虫类，沙虫主要是生活在沙质的海滩。"

"为什么叫土笋呢？"

"你看它像不像笋子？冬笋也得在土里挖。其实我也不知道，只是估摸带猜的。"

挖到的土笋不算多，可我们捉到了几条小鱼，捡了几个小螺。

李老师很烦躁。

我对这片红树林已有了印象。我们将捕来的土笋、小螺、小鱼都放回生它养它的地方，随后也就往海堤上走了。

李老师一见我俩的模样，就吃惊地问这问那。小林说了个大概。

这边景象变了，红树林后全都是海产养殖的池塘，塘边建有一座座小棚。成群的白鹭，在养殖区的上空飞起落下，高空还有猛禽在滑行。

红树林营造了繁荣。

"二百两"的故事

小林说："我讲段故事作为补偿吧！当然，今天晚上还要请你们吃跳跳鱼、土笋冻。土笋是烧后连汤汁一起冻住，半透明的，可切成一片片糕样，味道鲜美极了！"

龙海种植红树林的历史起于 20 世纪初期。有位姓郭的华侨，目睹了台风、海潮对海岸的侵蚀，尤其是海堤崩溃后的灾难，就从侨居地印尼引来了红树苗，栽种在海堤外的滩涂上。

红树林有效地防止了海浪的侵蚀，因此红树林的面积不断扩大，这些树后来都长到了十米高。

还有个"二百两"的小故事。在草埔头那边，也是因为海风造成连年决堤。同乡华侨募捐，花了二百两黄金买了条旧军舰沉没在堤外挡风浪，可谓是钢铁堤防了。

然而没过几年，军舰一头下沉，一头被海浪冲歪。还是镇挡不住，照样遭灾。1958 年开始大量种植红树林后，堤岸才固若金汤。在这个意义上说，红树林比黄金价值更高。

1959 年 8 月 23 日，这一带遭受了 12 级特大台风的袭击，大多数堤岸被冲垮；但凡有红树林护卫的堤岸，都安然无恙。

1958 年到 1964 年间，龙海又组织四次规模较大的营造红树林活动。群众看到了红树林明显的生态效应，过去

三次水中
逃生

　　九龙江出海口的红树林。在福建，红树林起到防护海堤的作用，给我们留下了深刻的印象。"二百两"的故事生动地说明：以钢铁的旧军舰防风护堤，还是经不住大风巨浪的撞击的；而自从种植了树林之后，圩堤才固若金汤。其中的道理不是发人深思吗？自然有灾害，还是要靠自然的调节

　　海堤每年都要修，仅是修堤一年就能省下几十万元。这几年富了，也多亏了红树林护卫了养殖场。

　　但是红树林也不断遭到破坏。前两年这里发生了一起保护红树林的事件，起因是一名商人投资了一个项目，当一切准备就绪，立即要动工时传出一个消息：这个项目要毁掉几百亩红树林。这下可炸了锅，遭到了龙海百姓的强烈反对。

但这个项目很有来头，又是上面压下来的，于是双方展开了激烈的斗争，有些重要的媒体也介入报道。后来在大量的事实面前，这个项目终于被取消了。林鹏教授始终站在我们这边，他的影响很重要。

几百亩的红树林终于被保护住了！

这个故事我也曾听说过，但不如小林说得有声有色。

我还想起浮宫镇老洪说的：有个纸厂排的废水污染，使他们养的牡蛎全死了，仅每年的海产养殖造成的损失，就高达三千多万元，可那个纸厂一年的利税才一千万元。有的人连这样简单的账都不会算，纸厂到现在还没有关闭！

什么时候才能让人们都认识到保护红树林的意义呢？

回程时，小林说不去"扭秧歌"了，干脆插到公路上吧。

太阳已近树梢，晚霞外有一圈乌云，我担心天气要变。

文昌鱼的奥秘

风将路旁荔枝、龙眼的花香不断送来，几只绿色的小鸟匆匆地在林子里飞起、落下。

不多远，林相变了，树冠与荔枝的不一样。

小林说是杨梅林，这里出产的杨梅名气很大，酸甜适度，是鲜食或制成果脯的上乘之品。女同胞最爱吃的八珍梅就是用它制作的。

一说杨梅，我满嘴都是酸水。那是刚到杭州读大学时第一次见到红艳的杨梅，嘴馋，买了一斤，坐在西湖边上一边看风景一边吃。吃时感觉很甜、微酸，可第二天吃早饭时却上牙不能碰到下牙，牙根都酸。从此对它望而生畏。

说着话，已走进了杨梅林。

青梅在挂果时，枝头常有红的嫩叶。杨梅叶片深绿，枝上缀满了正在变色的梅果，个头如巨峰葡萄，比浙江产的如杏般的杨梅要小。

忽见有棵树上的杨梅已红，有几颗还红得发紫。我想这才5月初哩！小林说，现在都赶市场，这是早熟品种，

九龙江边的5月，早熟的杨梅已经吐红。经过杨梅林时，空气中弥漫的那种酸甜的馨香，诱惑得人嘴中溢满了口水

随手摘了几只递给我们。

见我直摆手，小林说："龙海产的杨梅有特殊的治病、防病的功能。这些年来，糖尿病成了时髦，可这地方的人却没有得糖尿病的，据说这是杨梅的功劳。"

尽管他如此热情，我也只是礼貌性地咬了一口，李老师却吃得有滋有味。

天气真的变了，阴沉沉的，但我们仍然决定从角尾乘船去厦门，因为很想就便看一看这一带的海域。

我和古生物学家陈均远教授有过一段友谊，曾专程到云南澄江去拜访他。澄江寒武纪生物化石群的发现和研究，证明了在五亿三千万年前，发生了生物大爆发。这一结果向达尔文的进化论提出了有力的挑战。

陈均远就是这一研究领域中的首席科学家。他在谈到生物进化的奥妙时说了一个例子：文昌鱼是最早的脊索动物之一，正是脊索动物的进化、发展，才出现了人类。人类属脊椎动物，但时至今日，文昌鱼几乎没有任何的进化，仍保持了五亿三千万年前的状态。

文昌鱼就生长在厦门的刘五店一带海域。文昌鱼很小，只有几厘米长，细细的，栖息在海底的沙层中。其味鲜美，营养价值高。它是在19世纪末被发现的，那时它的产量每年有七八十吨。但后来由于生活环境遭到破坏、污染，产量大减。现在已成立了文昌鱼保护区。

三次水中
逃生

文昌鱼，乍看像是小虫子，但它是最古老的脊索动物之一。文昌鱼就生活在离厦门并不太远的海域，我们无法去到实地，只能在教授的实验室中看到它的标本

　　渡船启航时，雨已下大了，对面的厦门岛在一片迷蒙中。大海也被云遮雾罩，更显出海的壮阔与神秘。到了海峡中流，风浪骤起，船在浪峰波谷中颠簸。

　　我问刘五店所处的方向，有几位乘客摇头，只有一位用手指了指两点钟的方向。极目望去，雨丝如帘，天海茫茫，只有待天晴后，再乘船去探寻文昌鱼的神秘了。

　　我们每到一个红树林自然保护区，总是能听到主人介绍林鹏教授的业绩：秋茄的能流、物流的研究都是在这里的，红海榄群落的研究是他主持的……他与红树林已经成为一体，在谈红树林时已无法不提到他。正是他在红树林研究领域的卓著成果，使得厦门大学成了我国研究红树林的中心。

厦门大学坐落在海边。蔚蓝的大海，五彩缤纷的花朵，亚热带的碧绿林木，将学校装点成花园。

红树林院士

在朋友的带领下，我们来到了林鹏教授的家中。

他身材魁梧，儒雅、睿智，眼神中常有精光闪现，一丝一毫也看不出他曾经历过一场车祸，死里逃生。

我听朋友介绍过，1987年他在野外考察时乘车遭遇横祸，司机当场死亡。林教授身负重伤，昏迷两个多小时，双腿和右臂粉碎性骨折。

医生慎重、负责，为了查明伤情作了剖腹探查。他前后共做了五次大的手术，身上开了七个切口，住院493天。说是死里逃生，一点也不过分。十多年之后他能有现在的状态，是生命的奇迹。当然，更是品格的崇高。他骨子里的坚强中充满了韧性。

我们的主要话题当然是红树林。

多年来，一直萦绕在我心头的是红树"胎生"的神秘。

我知道林教授在这方面的研究有独到之处，他说了很

三次水中
逃生

　　将我国的红树林介绍到国际，对红树林的深入研究、繁育、引种，都和一个人分不开——厦门大学的林鹏教授（中），人们称他为红树林院士

多红树林学科的生态学、生理学方面的问题，这些问题当然无法一一记录，只能是根据我的理解了：

　　红树植物是由陆地向海洋发展的，首先它要经受海水中盐分和潮起潮落的考验，即是说它在适应海水中的盐分时自身也必须要调整。支柱根、气生根、板根、呼吸根等，就是为了适应生存环境的结果。

　　种子呢？它应能适应海水的侵蚀，于是红树在种子构造方面作了选择：种子留在母树上发芽——实际上是在母体中吸取抗盐和在潮起潮落中立足的本领。当它具备了这些本领之后，母体就将它分娩出去，让它用自身的重量以自由落体的方式插入滩涂。

其实还有种"隐胎生"的，树芽没有冲出果皮，仍在果皮里；一旦到达海水中，树芽立即冲出，和"胎生"的适应是同样的。但"隐胎生"不属红树科，如白骨壤为马鞭草科，桐花树为紫金牛科。

据说，长白山天池水边也有一种"胎生"的草。

关于"胎生"植物的诸多神秘，正激起科学家们的研究热情，相信会有更多的发现。

我们谈得很相投，有时欢笑，有时默默沉思，时间在不知不觉中流逝。

离开林教授的寓所，沐浴着海风的吹拂，呼吸着花朵散发的馨香，我在梳理纷繁的思绪……

林鹏的家乡在龙岩那边。他幼时家境贫寒，当过学徒。新中国成立初期，他还在挑着小担运送红糖和盐。正是在一次挑运途中小憩时，他看到了厦门大学的招生广告。

这份广告激活了他心底深处的求知欲。于是，他跑到龙岩参加了补招的考试。1955 年，他大学毕业后留校工作，从此和植物学结下了不解之缘。

他在一本有关红树林著作的序言中写道："编者的导师何景教授非常重视红树林工作，早在五十年代初期就领导我们从事此项工作。此项工作实际上是他教诲的成果。"

三次水中逃生

尊师是中国知识分子的美德。

他专攻红树林，起因于一本外国学者著的《湿地海岸生态系统》，这本书中竟将中国列为红树林空白区。这种无知不仅使林鹏吃惊，同时也使他的自尊心受到了伤害。

中国不仅有漫长的海岸线，而且有着繁茂的红树林！科学是用事实说话的。从此，他在红树林学科中孜孜不倦地探求。

这一段心理、事业的历程，和他同时代的大多数科学家相似。我和他们中的几位有着深厚的友谊，非常理解流淌在他们血液中的可贵的民族精神，这种精神是民族前进的号角、火炬！

学校给予了全力支持，林鹏教授组织了科研班子，制定了规划，走遍了凡是有红树林生长的海岸。

1985年国际红树林学术会议上，中国代表林鹏关于红树林研究的报告引来了雷鸣般的掌声，他用无可争辩的事实纠正了偏见和无知！

正是这些瞩目的创造性成果，使他当选为国际红树林生态学系统学会首届唯一的中国理事。继之又参加了国际上《红树林宪章》的制定，他将中国的红树林以及对红树林的研究带到了世界！

我想，他的功绩，首先是完成了对中国红树林的种类、区系分布、生理生态等基础学科方面的研究；再是对红树林价值的深入探讨。

他的研究证明：红树林在生物多样性、维护整个海岸生态环境方面，有着无可替代的作用。作为红树林自身，有着高生产力、高归还率、高分解率的效益。红树林的特殊属性，具有极大的生物开发、利用的潜力。

其实，他的最大功绩是用红树林的非凡价值唤醒人们，尤其是东南沿海人们认识红树林，保护红树林，这是人类的财富和家园！

我说到龙海百姓保护红树林的故事。他说："那次的压力可大了，在这种强大的压力下，有些人退缩了。对方声言，要组织几十人到我家门口静坐，要我改变态度。可林业厅支持我——不是支持我，是支持我们提出的保护红树林的观点，最终经过一场有识之士的奋争才保住了那片红树林。"

还有两点引起我很大的兴趣。

他说，全世界都在关注从海洋生物中寻找新的药物，红树林是由陆地向海洋发展的，它在这方面应该有很大的潜力，已知的就有好几种对疑难杂症有疗效；但还是以不声张为好，免得给红树林带来破坏。

全球温室效应的加强、气候变暖，对森林生态系统的影响已引起人们高度的关注。

红树林生活在陆地和海洋的交界处，因而温室效应的结果之一——海平面的升高，将对它产生重要的影响。

科学家估计，到2030年，全球海平面将平均上升8至29厘米，那么，红树林中的有些品种还能生存吗？全球红树林的面积巨大，约有60个乔木和灌木种组成，这将对全球的环境产生什么影响？尤其是我国应采取什么样的对策？

我知道，他正在进行这方面的研究……

不久朋友传来消息，林鹏教授当选为院士！

祝贺您，红树林院士！

救救胡杨林

沙漠公路的起点

翻越了神秘的天山，我们终于从天鹅故乡来到神往已久的塔克拉玛干大沙漠。

塔里木是我国最大的盆地，面积约 56 万平方千米，相当于 15 个台湾岛。周围高山环立，又远离海洋，气候极端恶劣，是世界著名的干旱区。在盆地东南的有些地区，终年不落一滴雨星，塔克拉玛干大沙漠就横卧在盆地中心，被探险者们称为"进去出不来的死亡之海"。

我们由古丝绸之路重镇轮台县城出发，路线是当年为建立这个保护区、曾数次率队来此考察的梁果栋先生选择的。

出了绿洲防护林带，无边无际的荒漠，黄乎乎的天地顿起苍凉。突然，出现了奇异的景观，荒漠中隆起一个个圆形的土包，星罗棋布，如瀚海绿岛。土包上长着灰绿色的灌木,那灌木上有的还摇荡着绯红的花穗,令人眼睛一亮,神情一振。老梁说,那就是灌木红柳,土包是著名的红柳包。

红柳充满了顽强的生命力,它的身影总是出现在茫茫的戈壁和大漠中,催人振奋。它只要扎下根来,就能固住沙尘。沙高一寸,它长高一尺,根系特别发达。你看,千百年来狂暴的风已将它周围的土层剥蚀,剔卷而去,只有它仍然守住了立身之地,才形成了这一奇特而又壮观的景象……这是一首深沉的哲理诗。

未行数公里,像是应验老梁的话,红柳包不见了,大漠已经改观,一片寸草不生的土地泛起白得耀眼的盐碱,令人毛骨悚然。老梁说,这是植被被破坏后的恶果,干旱区的植被异常脆弱,只要遭受破坏就很难再恢复。

红柳在沙漠中显得格外妖媚、多情

植被遭到破坏之后，狂风已将泥土席卷而去，只有红柳、胡杨坚守，因而形成了高高的红柳包和胡杨台地

　　荒漠中的轮南镇是新建的小区，这里驻扎着开发油田的一个前沿指挥部，竖起的井架、采油树、巨大的油罐，为这个万古荒原带来了现代的气息。我们从这里踏上了贯穿塔克拉玛干大沙漠、全长 522 千米的沙漠公路。这条公路也称石油公路，它是石油部门为开发蕴藏在大沙漠地下丰富的石油而修筑的。在流动性的大沙漠中建造这样漫长的柏油路，其丰功伟绩都已记载在起点的纪念碑上。

　　9 月应是秋风送爽了，几天前在巴音布鲁克天鹅自然保护区，我们已穿起羊毛衫。但行进在塔里木盆地，仍然热汗淋漓。

三次水中
逃生

初始，无边的瀚海，沉寂的戈壁，如魔如幻的旋风，思绪能自然地飞驰到宇宙大爆炸后地球的幼童时期，心中涌动起万千的想象。然而数小时连绵不断的茫茫荒原，单一的黄褐色调，不知不觉中情绪发生了错位，空寂油然生起……

死亡之海中的河流

逐渐看到大漠之上出现大树的身影，在滚滚相催、丘峰如涛的沙海中，看到天宇中的胡杨树闪耀着夺目的绿色。它们昂首挺立在沙丘之上，绿色的树冠，如旗帜、如号角。我们这支五人的小队伍齐声欢呼"胡杨"！是的，只有胡杨才能傲视死亡之海！

它们的形象极具个性，独立的，躯干拧拗，树冠随势伸张，似是正在搏击；数株集结成群体的，绿荫联袂……有棵大树另有一粗壮枯干，如戟如剑直指天穹，身旁有株更为粗大的胡杨崛起，那浓绿繁盛的树冠就是一片绿洲……难怪古人曾以"交柯接叶万灵藏，掀天蹄地纷低昂。矫如龙蛇欻变化，蹲如熊虎踞高岗……"来描摹它。是的，它们在这片恶劣的环境中生长，取得生存、繁衍的权利，就得面对环境的艰险；每一棵胡杨的形象都是一部奋斗的自传、性格的写照和生命的颂歌！

胡杨逐渐由稀疏到连片成林。我们加快了步伐，人人都很兴奋，因为它预示着好消息。不久，塔里木河大桥长长的身影就出现在视线中了。

桥长约1千米，宽阔的塔里木河从大桥下缓缓流过，清亮的流水中映出两岸茂密胡杨林的摇曳身影，似是无限眷恋的情人缠绵悱恻，款款并肩而行。

多年的考察生活使我非常注意江河流水的清亮与混浊，因为它们会告诉你这个地域中的很多生态信息，眼前这幅清丽的生命画面，对在大漠中的跋涉者来说就是一泓甘泉和一种无声的慰勉……

塔里木河是条生命河，它横贯盆地和塔克拉玛干大沙漠。在古突厥语中，"塔里木"意为"注入湖泊、沙漠的河水支流"。塔里木河是我国最长的一条内陆河，干流1000多千米。若将来自昆仑山上的叶尔羌河加上，总长2100多千米，历史上曾最后汇入罗布泊。

长河的两岸繁衍着葱葱郁郁的胡杨林，在沙漠中形成了壮阔宏伟的绿色长廊。

河水滋润着胡杨林，胡杨林为塔里木阻挡风沙的袭击，涵养着水源。有了胡杨林，才能有林下植物，才能组成一个植被，才能繁衍出马鹿、野骆驼、鹅喉羚、鹭鸶、椋鸟……一个喧闹的动物世界，它们共同组成了一个特殊的生态体系。塔里木河营造了一个个绿洲，养育着南疆众多民族的

三次水中
逃生

在塔克拉玛干大沙漠中，只要塔里木河能到达的地方，胡杨随之造就了一片片的绿洲

众多儿女。

我们久久流连在大桥上，思绪在河中流淌，水流又激励思绪——似是在与沙漠中的浪漫歌手倾谈、交流……

胡杨厄运

老梁说，我们还有很多路要走。只得恋恋不舍地离开充满生命欢乐的大河，奔向大漠深处。

一片偌大的垦荒地震惊得我们停下，它是新垦的，胡杨、红柳以及所有的植物被砍伐殆尽，裸露出翻耕后的焦黄土地。显然，这在保护区之内。我们没有携带测量工具，老梁以丰富的野外工作经验目测之后说，最少有三四千亩。

我们奇怪为什么没种上庄稼。从种种迹象分析，大约是因为开垦后发现水源有了问题，只好作罢。正在纷纷议论时，狂风骤起，在垦地上空立即腾起黄黄的浓浓的沙尘……

"这是犯罪！"老梁痛心疾首，喊出了我们共同的呼声。

不久，大片躯干挺立，没有一片绿叶的胡杨林，更令

胡杨对生命途中的"舍得"理解得最为透彻。当干旱的年份，它会自行封闭一些枝干，甚至是主干，以保住生命，而在其根部或旁边再萌新枝新叶。等到丰水的季节，胡杨又蔚然崛起

　　我们瞠目结舌。胡杨林庇护之下的植被已荡然无存，数平方千米之内只有累累沙丘，真的是一片不毛之地。老梁说，当年考察时很难见到这种现象，因为胡杨有惊人的耐旱能力，又有神奇的蓄水能力。他说了个小故事：考察队为了研究一棵粗壮胡杨的树龄，用生命锥钻进了树干。当拔出生命锥时，从孔洞中竟然冒出一股液流，水平距离长达14米！惊喜得队员们连连按动照相机快门，这张珍贵的照片后来刊载在画报上。后来听一位维吾尔族老乡说，他们在行旅中干渴难耐时，常常从胡杨树树干上取水解渴。

　　每年汛季来临，塔里木河泛滥，洪水漫滩。胡杨就在此时大量吸水，贮存起来，渡过未来的干旱。它另外一个特点是根扎得深，哪怕在地下10米深之处能吸取到地下水，它也能茁壮地生长。正因为它具有如此特殊的功能，要想将它干死，没有特殊的原因从地表到地下都断绝水源，几乎是不可能的。老梁只是沉思不语，因为这也是我们这次深入胡杨林保护区要考察的内容……

　　"肖塘"只有一块路牌，除了附近有间小木屋，再也没有任何建筑物了。我正奇怪它何以具有堂堂正正标在地图上的资格，数十步之遥已回答了疑团：变幻无测的大自然已将大大小小的沙丘推到了面前，沙漠公路的两侧已用芦苇秆插起草格子，外围立起芦苇栅栏——防沙掩没公路的技术措施。热浪扑面而来，干燥的风挟裹着细沙直往衣领里钻，显然，我们已进入了沙漠的核心区。

鸟巢不是鸟儿的居家住所，而是爱情的信物和幼小生命的摇篮。一只大雕将爱情的信物和生命的摇篮建造在万里黄沙之中、枯死的胡杨树枝上

我们忘记了一切，扑向沙丘，灼热的沙粒也热切地钻入人体一切可以容纳的空隙。每一步都得用力拔出脚来，刚淌出的汗水，沙尘立即吸附上去。爬一座七八米高的小丘，竟然花了七八分钟。下丘，那就很惬意了——滑沙！缓速随意。李老师高兴得像孩子一样，横着往下翻滚，爽朗的笑声如嘹亮的歌唱，引得一直站在旁边的小王、小李，也纷纷加入了滑沙的行列……万里黄沙，连天盖宇。细看沙丘，形状各个有异，有的像金字塔，有的是波浪形……更多的是环绕有壑，逶迤起伏。你不知道它起于何处，终

于哪里。路走多了，看得多了，又登上几个沙丘，才渐渐
觉出那杂乱无章的沙丘，似乎也有方向——倾向南方。这
就是它流动的方向？

塔克拉玛干大沙漠，是典型的内陆温带沙漠，是欧亚
大陆干旱的中心地带。根据气象资料，在沙漠中心，年降
水量还不足 10 毫米，周边地区也不到 50 毫米。长年盛刮
东北风和西北风，两股风交叉，沙尘飞扬且剧烈。尤其是
它的南缘，年均风沙日多在 100 天以上。大风推动沙漠南移，
历史上曾盛极一时的古城、古国，就在这南移的沙丘中被
掩埋。今天看到沙丘立在这里，明天却突然没有了它的踪
影。我曾听说过，在沙漠中行旅，一阵大风之后，幸存者
突然发现大量的古钱币和珍宝。近年，随着考古和开发石
油，又连续发现了几座古城。从重见日月的汉唐古城推断，
一个多世纪以来，沙漠已向南推进了数十至上百公里！

有人据此推断，这就是科学家彭加木失踪的秘密。

这里的沙丘有 85% 以上是流动的，仅次于阿拉伯半岛
的鲁卜哈里沙漠。

正在沙丘中行走，忽见前方蒸腾、恍惚的蜃气中，出
现了天鹅湖的沼泽、水草、飞鸟……是沙漠幻景将古典牧
歌浮在沙漠之上，还是两处极大的反差激活了记忆的显
现……

然而，这亘古沉睡的沙漠已开进了石油大军，途中常

见支路伸向远方，运油车、运水车往返不绝。

我们希冀在沙漠中一睹双峰骆驼的雄姿，可是，我们没有看到它珍贵的身影，连足迹也未找到。

原始胡杨林

饱览了塔克拉玛干壮观的沙漠景象，缅怀那些来到沙漠探险的前驱，惊叹石油工业的崛起，尤其是看到在一活动房后沙脊斜坡上生出了稀疏的绿草，不禁想起：科学的发展，正使"死亡之海"改变面貌。

这段考察行程已经结束。退出大沙漠之后，我们重涉塔里木河大桥，再行数十千米转入保护站所在地。

刚踏入这片稠密的原始胡杨林，清凉扑面，惊喜扑面。合抱粗的大树比比皆是，树高多在二三十米，浓密的树冠如一片绿云，只筛下稀落的点点阳光。在一处约有 10 平方米的土地上，竟然有 5 棵高大胡杨繁盛地拥挤在一起。我曾在海南的尖峰岭、西双版纳勐腊的热带雨林中，特意考察过它们在 10 平方米之内惊人的生物量，而塔里木盆地、大沙漠的边缘，竟然和它们如此相似！

老梁指着几棵要两人合抱的大树，说它们的树龄多在 500 年以上。当年考察时，在塔里木河下游的尉犁县境内还有更好的林子，那里的灌木红柳都长成了五六米高的乔木，真是古木参天！可是这个季节，那里一片水乡泽国，骑马也很难进入。

　　快步穿过森林中的小路，沿着铁架攀登 24 米高的瞭望塔，每层都是一片新的景色，直到塔顶放眼望去：啊！大森林，无边无际的大森林！我曾在黑龙江桃山瞭望塔上观看过绵绵绿山——起起伏伏的小兴安岭森林。盆地的森林有特殊的风韵，"茫茫林海"用在此处更为贴切，它绿得更为深沉和幽深，散发着浓郁的西部特色。若不是亲眼所见，绝难想象出在著名大沙漠的边缘，竟然有如此壮伟的森林——原始的纯胡杨林！

　　一条小河从森林深处流出，沿途留下一面面如镜的水凼，汇成了广阔的水面，芦苇列阵，形成无数苇荡。几只如蚁的水鸟在远处悠闲凫游……一幅生动的江南水乡图景。

　　"老梁，你们的丰功伟绩就在这片林海中！这是一座绿色的纪念碑，纪念着那些为保护我们的家园——地球而献出过辛劳和智慧的自然保护工作者！"

　　"我很担心由于工作的失误，会成为历史的罪人……"保护区内的垦荒地、大片枯死的胡杨林，仍使他沉浸在痛苦之中。

　　在深入原始胡杨林之前，老梁要我们放下衣袖、扎紧鞋口、裤脚……我有些惶惑："还能比南方森林中的蚂蚁、旱蚂蟥可怕？"

"这里有草爬子,一种小虫,叮起人来翘起屁股下狠劲。用手使劲拔不出来,猛劲又怕拉断,若是它的口器留在肉里,肉会很快化脓、溃烂。考察队在这里吃过大苦头,尤其是女同胞……"他说了一大串子当年的奇闻逸事。

如此,我们当然不敢掉以轻心。准确地说,这片原始林下是沼泽地,铃铛刺、大花野麻、蒲公英、花花柴、骆驼刺、芦苇挤满了林下的空间。每行一步路,就有铃铛刺以及各种带有刺针的植物扯住衣服,划破手背;就有无数的昆虫腾空飞起,麻黑一片。

不久,发现脖子上奇痒,一巴掌打去,好家伙,手掌上血迹斑斑中粘着四五只大蚊子!真没想到,大白天它们也如此猖狂,只得大声警告同伴。话音未落,左前方突然响起一串拍翅击水的声音,我快步疾奔,只见两只黑色的大鸟正从小湖湾中飞起,那飞翔的姿势,特别是带钩的长嘴,使我兴奋得大叫:"鸬鹚!两只大鸬鹚!"

鸬鹚又名黑鬼、鱼鹰,是捕鱼能手。在我的故乡巢湖,渔民驯养它们捕鱼。我自小就对它们能两只共同潜水抬出一条大鱼惊叹不已,但这是第一次见到野生的它们。李老师直埋怨我大呼小叫,使她失去了摄影的好机会。其实只能怨林下植物太茂密,不到跟前谁也难以发现还隐藏着这样一处明净的小湖。老梁说:"这里还有珍贵的黑鹳分布。"于是,我们带着满腔的希望,小心翼翼地沿着湖边向前。

三次水中
逃生

追踪马鹿

一条小溪引着我们蜿蜒，刚拐了个大弯，听到有种轻微的异样声。我向李老师示意，她悄悄地跟上。拨开苇丛，这片小湖中果然有两只鸬鹚在水里游弋狩猎，只是距离太远了，她的变焦镜头也够不着，但她还是连连拍了数张，并相信就是不久前飞起的两只。我从摄像机中看到四五只鸬鹚，正在一棵高大的胡杨根部土墩上晒翅，大约是翅膀的分量太重，它们非常笨拙地、时不时扇动两下以求得平衡。我们正在欣赏、寻求好的拍摄机会时，右前方哗啦啦响腾起一群野鸭，个个都将脖颈伸得笔直。凭经验，那里有了新情况。

等我们赶到那边，正见老梁在一片稀疏的草地上寻查。从草丛披靡的情况判断，是只大型野兽，是野骆驼？不，是两只鹿的蹄印。显然，它们已嗅到了我们的气息，五个人的队伍散发的气息很浓。它们急急避开时惊动了野鸭，野鸭的腾起又向我们报告了消息。

这里只有马鹿，且是特有的塔里木亚种。马鹿在新疆还有阿尔泰亚种、天山亚种，它比驴子的身材还要高大。历史上曾记载新疆有虎，尤其是在塔里木，一百多年前来此探险的俄国人普热瓦尔斯基曾惊呼："塔里木河的虎像我们的伏尔加河的狼一样多。"但如今虎早已灭绝。我也未曾萌生在塔里木寻觅虎踪的念头，但一睹马鹿、野骆驼、兔狲的愿望还是急切的。没想到运气来得这样快，我们立即不顾一切，依据蹄印留下的信息快速追踪。

追着追着，蹄印在沼泽浅水中失去踪迹，但它们在六七米外上岸的水渍，挤开的苇丛路清晰可见。然而，我们没有马匹，只得悻悻地返回。老梁说，当年考察时，有次和七八只的马鹿群撞了个满怀，它们也惊蒙了，直直地站在那里盯着我们，直到大家手忙脚乱取枪填弹时，它们才如梦初醒，撒开蹄子飞奔。

我们希望也有这样幸运的遭遇。

变叶杨的特异功能

老梁指着林下一棵小苗问我是否认识。小苗似是出生一两年，嫩干淡灰绿，叶子细长如线，说它是针叶吧，理智告诉我不可能，只得摇头。

他又领我到一处，指着一棵小树问我是否认识。那主干泛着一些红色，叶形极似柳叶。南疆的柳树之冠圆如蘑菇，美丽异常。难道是它？老梁摇摇头后，讳莫如深地微笑着，才将我领到一棵青春年少的胡杨树面前，问我是否认识。

我愕然了，努力察看树干。树干上粗糙的黄褐色如鳞的树皮，隙缝中偶尔还渗有淡黄色的如盐的结晶体，树叶形似扇子，与银杏树叶有很多相似之处，叶面和叶背的颜色基本相同……它与前面树苗和小树似是毫无共同之处，然而老梁狡黠的笑容……

"难道它们是胡杨的童年、少年和青年时的形象？"

老梁得意地拍掌："所以胡杨又叫变叶杨！童年稚嫩，叶细如线，是为了减少蒸发量以抗干旱。"

植物生存的智慧和技巧竟是如此高超！反过来说，它们为了生存和发展，则必须面对生存的条件——环境，随机应变作巨大的自我调整。

似乎直到这时，老梁才有了好心情，语稠兴浓，侃侃而谈：蓄积了足够的力量，胡杨就伸张叶片，努力吸收阳光。叶片的另一种重要作用是调节体内的盐分。胡杨树素以非凡的抗盐碱闻名，是因为它有排盐的办法：利用干枯的枝叶进行新陈代谢还给大地，再是从树皮中分泌出胡杨碱——就是那种淡黄色的结晶体。胡杨碱可小有名气啊，连《本草纲目》中都记载过它的功能。维吾尔族老乡喜欢用它和面，拉出的面条特韧特香。这是它生态学上的一大特点。

高大的胡杨树，种子却很小：淡黄色的蒴果中，宝藏着绒毛球，球中有着比芝麻还小的籽。蒴果成熟裂开，种子就如乘着降落伞的天兵在空中飘荡，落到适宜的土地就能生根发芽。塔里木胡杨很强的繁殖力，还表现在它能用根系长出小苗，根生树、树生根，独木也能繁衍出一片林子。

胡杨的故乡在冈瓦纳古陆热带森林中，曾经是亚热带和热带河湾吐加依林的优势树种。两千多万年前，它来到了新疆。我国于1935年在库车发现过它的一千多万年前的化石。

胡杨三千岁

李钧生是位著名的中学地理老师，平生未去过新疆，更未见过胡杨，但他告诉我："胡杨三千岁——能枝繁叶茂生长一千年！枯死之后，一千年不倒！倒后，一千年不腐烂！"考古学家在塔克拉玛干楼兰古国考察时，确曾发现

"胡杨三千岁。"言其活一千年，死后一千年不倒，倒后一千年不朽。其实，胡杨生命的年龄，谁能算得清！母株已被沙丘掩埋，却将新的枝条顶出，以枝代干，又是一片新绿

当年的胡杨，至今依然没有腐烂。

我们看到的虽然是已经枯凋的胡杨，却依然屹立在荒原，固守着那方土地。虽然无从查考"胡杨三千岁"的版权属于哪个民族、哪位哲人或平民之手，然而我们知道，生活在干旱的塔里木的各族兄弟都特别钟爱它。

维吾尔族语称胡杨为"托克托克"，意为"最美丽的树"。也正因为胡杨这种抗干旱、抗盐碱的特殊才能，它才成了新疆荒漠和沙地上唯一天然成林的杨树。

胡杨天然林主要分布于塔里木河以及注入塔里木河的叶尔羌河、和田河、克里雅河沿岸。只要打开地图就一目了然——它主要分布在塔克拉玛干大沙漠的周围，形象一点，它如一条绿色的长城，紧紧地锁住流动性沙魔的扩张，是我国三北防护林的重要组成部分。

研究干旱生态，是世界上的一个重大课题。

世界上仅在中亚还有胡杨的分布，但塔里木胡杨是世界上最大的胡杨保护区，总面积 3954.2 平方千米，地处塔里木河中游，横跨轮台、尉犁两县。这一地区年降水量仅为 100-289 毫米，年蒸发量却高达 1500-3700 毫米。胡杨在这典型干旱区整个生态系统中的极其重要的作用和意义，是不言而喻的。

是的，我们已经明白了新疆林业厅为何决心在这里建立保护区的良苦用心。同时，也充分理解了老梁在看到大

　　胡杨对生命的理解具有深奥的哲理。特别令人惊叹的是它懂得放弃——放弃一部分，求得最本质的前进。对"得失"的理解最为透彻，与退一步海阔天空似有相通。在应对干旱和风沙时，胡杨常常是自行枯死一部分枝条，以延续生命。现在它选择了倒下，以自己的躯体作为根系，滋养新枝繁荣茂盛。这是更具震撼力的顽强、坚忍和不屈

三次水中
逃生

　　戈壁、沙漠中常见大片枯死的胡杨林，它们有的是因河水改道，而造成河水改道的重要原因之一是垦荒需要水源。其实，更可怕的是我们见到大片胡杨林被砍伐后种上棉花

片胡杨林被砍伐、枯死时的沉痛……

打击接踵而来：在尉犁县胡杨保护区内，胡杨林已遭到大面积的破坏，仅经过"批准"的开荒一万多亩，但实际上是已开荒五六万亩！

沙魔吞食绿洲

回到巴音郭楞蒙古自治州首府库尔勒市，看到 1998 年 8 月 22 日一份对塔里木河考察的内部"简讯"，更是触目惊心：

"考察团不顾颠簸劳累，顶着盛夏酷暑对阿拉干和台特玛湖进行了考察。阿拉干地区水井已经干枯，胡杨长势也较差，前往台特玛湖的路上，胡杨成片成片地死亡。台特玛湖仅仅是地名，不见一滴水，附近连一棵胡杨树也找不到，间或有个别土包上长着一丛红柳。东尔臣河下游的桥还在，但桥下的河道里没有水，有的是已经上了桥的沙包。晚上，考察团成员不顾满身的沙子无水清洗和饥饿，又（赶到某单位）察看了因干旱被迫搬迁的遗址。

"考察团一行来到大西海子水库，据塔河管理局的领导介绍，大西海子 1994 年就已彻底干涸了。

"卡拉水库更令人震惊，不仅见不到碧波荡漾的景象，连一点死库水都没有。

三次水中
逃生

　　"塔里木河下游干旱缺水，生态环境急剧恶化，形势十分严峻。一是缺水严重致使撂荒现象频繁发生。20世纪80年代以来，由于塔河上中游大规模农田开发，下游供水锐减，90年代后，断流几乎年年发生……（某单位）种植面积由20世纪80年代的10多万亩降至目前不足6万亩，耕地退缩10余千米；（某单位）20世纪60年代种植面积8万亩，70年代5万亩，80年代4万亩，而90年代只能维持在3万亩左右……二是生态环境急剧恶化。塔里木绿色走廊的胡杨林由于干旱缺水，大面积枯死，土地沙化严重……（某单位）累计植树17620亩，但由于干旱缺水，风沙侵袭，至今陆续死亡9000亩，存活率仅49.1%。三是自然植被大量枯死，导致草亡沙生、沙进人退，风沙肆虐，灾害频繁。1998年4月20日由于大风和霜冻袭击，（某单位）早播的2.06万亩棉田全部受到冻害，其中1.8万亩出土棉苗冻死，3309亩果园绝收；（某单位）1.5万亩棉花和香梨绝收。

　　"从这些现实中看到了人类活动违反自然发展规律，被大自然无情报复的惨痛事实。我们不能不大声疾呼：救救塔河下游，救救绿色走廊，救救自己的家园吧！"

　　只要打开地图，就可看到台特玛湖和大西海子水库，就能大致判断出它原来的水面，同时也可得知，它们就在罗布泊的上游。而罗布泊的干涸并非发生在遥远的年代，且不说历史记载它曾"为西域巨泽……淖尔东西二百余里，

112

南北宽百余里，冬夏不盈不缩"。1962年航测时，罗布泊面积还有660平方千米。然而时隔十年之后，卫星测得罗布泊已经干涸。据资料记载，近年在塔克拉玛干大沙漠及其周围，考古已发现四五十处古城遗迹，而之所以成为遗迹，毋庸置疑是因为缺少了生命之泉。

塔里木河和胡杨林构成的特殊生态系统，为南疆各民族儿女的摇篮，利用自然养育自己，是人类养育自己的原始行动。总以为"大自然属于人类"，却忘了大自然并非"取之不尽，用之不竭"这一令人沮丧的事实！忘却了"人类属于大自然"这一真理！人类从大自然的惩罚中逐渐明白了"大自然属于人类"是个极大的误区！但至今仍然还有很多人在这误区中沾沾自喜，这是非常非常可怕的！

我们在考察胡杨林保护区期间，得知上游的阿克苏地区至今还在垦荒，有个县近年毁林垦荒竟达40万亩。中游也在毁林开荒，如我们目睹的就在沙漠核心区肖塘的附近。上游开荒，下游撂荒的恶作剧还在进行着。

《森林法》早已颁布，对于胡杨林绿色长廊的巨大作用，人们并非完全不知，但为什么还要强行实施这些愚蠢的计划呢？

请别忘了，经济的持续发展，需要良好的生态环境。知识经济的兴起繁荣，其基本条件也是需要优良的生态系统。以损害自然环境、破坏资源急功近利的办法取得"政绩"

的人——

　　是该奖，还是该罚？是功臣，还是千古罪人？

救救胡杨林

　　在塔里木垦荒种植有着很多的成功经验。保护站内有小片的试验田，在胡杨林紧紧的环绕中，庄稼长势喜人。我们特意去库尔勒附近察看了一个农场，在人工建造的胡杨林防护带内，金色的稻穗垂头，一片丰收景象。

　　但是，这个特殊的生态体系也不是固若金汤；相反的，无数的事实已经说明，严重干旱区原来较为和谐的生态平衡一旦遭受破坏，再去恢复就需付出十倍的努力，需要几十年甚至几百年的长时间的奋斗。

　　塔里木河、胡杨林是这个特殊生态体系中相辅相成的两位主角，其中哪一位受到灾难，反应立即是整体的。

　　那份内部"简讯"，只写了考察团看到的生态遭到破坏后的惨痛景象。我们在州政府的另一份汇报材料上，得到了一串数字："境内天然胡杨林从20世纪80年代的385万亩降低到现在的212万亩，而且持续逐年减少。"在短短十多年中，胡杨林的面积就减少了45%，这是多么惊心动魄的数字！

　　据另一份报告说，"到目前塔河下游完全断流已达280

面对这片颂扬生命伟大的胡杨林，作者陷入了深思……

余千米"。塔里木河的主干流才1000多千米。往少里算，也占了五分之一。塔河断流的数字，和胡杨林面积减少的数字，还不能说明这个生长环境中两位主角的关系吗？

干涸的罗布泊、大西海子水库、台特玛湖，几十万亩摞荒地的沙化是面镜子，更是大自然频频亮起的红灯，为了塔里木不全部沦为沙漠，为了生命之泉塔里木河，为了大西北，我们是应该大声疾呼：

救救胡杨林！

后记

1998年8月，我们去新疆，老朋友、新疆林业厅自然保护处原主管梁果栋先生当向导。我们先去野马救护中心、卡拉麦里山有蹄类野生动物保护区、哈纳斯湖，再回到乌鲁木齐，翻越天山到南疆库尔勒、博斯腾湖，前往巴音布鲁克天鹅故乡；经库车大峡谷到轮台，进入塔克拉玛干大沙漠，行程数千千米。

胡杨是沙漠的旗帜。世界上一半的胡杨分布在塔里木河流域，犹如绿色的长城，围固着沙漠，护卫着塔里木河，营造起一片片绿洲。在塔里木河的北岸，梁先生领我们到达他曾参加考察、建立的一处自然保护区。胡杨林遮天盖地，河溪纵横，水沼如星。黑鹳在森林上空翱翔，鸬鹚在湖边晒翅，且不时有马鹿、兔子的身影。我们似乎忘了近在咫尺的漫天黄沙、白花花的盐碱地。

但出了保护区核心区域不远，即看到大片胡杨林遭到毁灭，或是被开垦后种棉花，或是被断绝水源枯死在沙漠中。梁先生饱含泪水，痛心疾首地大呼："这是犯罪！"

2005 年，我们从北线走向帕米尔高原。在尉犁县的大片原始胡杨林中，时常能见到胸径在一米以上的伟岸大树！虽然那天扬沙弥漫，还是欣喜万分。但在下游的温苏，塔里木河已经断流、干涸，偌大的卡拉水库也是空空荡荡，没有一滴水。

当我们再去拜访七年前梁先生领去的保护区时，小溪小河、黑鹳、鸬鹚没有了踪影，湖中只有很少的一点水。树还是当年的胡杨树，但失去了精气神，个个显得很疲惫，没精打采。区内躺着废弃的有轨游览车和破损、锈迹斑斑的其他游乐设施。显然，在这七年中，这里曾被"开发"为旅游地……

三次水中逃生

三次水中逃生

儿时，我酷爱冒险，凡是可能参加的冒险活动，我都想方设法踊跃参加。它使我吃尽苦头，也使我得到了很多欢乐。

在我十一二岁时，灾难不断袭来。

故乡是在巢湖北岸的一个小村，在长临河镇西，叫西边湖村，"边"是临湖的意思。村子不大，二三十户人家，房舍南北两排。住在东头的多姓刘，住在西头的多姓胡，我家在前排东头。

打开大门，就只见浩渺的滔天波浪、蓝天上悠悠的白云、姥山上雄伟的宝塔、浮在湖中的孤山。

那时，我们村前的湖边是沙滩，向东延伸到万家河口和孙家凤村，向西漫到回龙庵，总共有三四百米。据说这是方圆几百里的巢湖仅有的一段沙滩（可是，因为围湖造田，这段仅有的沙滩早已消失了）。不知老天爷为何独独给了我们这块宝地，沙粒金黄，一片灿烂，沙滩下是繁茂的柳林和密密的芦苇、蒿苗。这儿是非常神奇的世界，也是我最早的探险世界。柳树被淹没的部分，长满了鲜红鲜红的须根，著名的巢湖白米虾就喜欢在这些须根中觅食、栖息。傍晚游水时，在一棵树下常可以捉到十几只大虾，在芦苇丛中捉鸟、捕鱼、捉迷藏……更有无穷的乐趣！

在我十一岁的初夏，病了数月的母亲去世了。父亲早在我三岁时已经去世。慈爱的姨母来到我家，抚养我们姐弟。母亲的逝世对我打击很大，我不知道将怎样去生活。这不仅因为她非常喜欢我，还因为她从来都是鼓励我勇敢地生活。失去了深厚的母爱，失去了心灵上的依托，我很悲伤、沮丧……

期终考试结束的那天傍晚，同学们蜂拥去万家河口湖边游水。万家河口是一条从青阳山出来的小河流入湖口，河上有座石拱桥。河只有10多米宽，形成了小小的港口，泊满了船只。河口村是个小村，也只有十几户人家，五六十米青石铺就的大道和镇南门相连，堤上杨柳依依。乡亲主要从事运输，特别是枯水的冬季，退水后要将船上的货物趸下来，小船就无能为力了。这时，有种用两个高大木轮架起的牛车，可以涉水将货物运到岸上。那挂在车

三次水中
逃生

旁的红灯，那"咿咿呀呀"的轮声，在湖滩上滞涩，到青石板上脆朗，为水乡夜晚带来一种特殊的情调。泊子上、埂上的青石被碾出深深的凹槽。

河口的风浪大，水深，胆大的孩子多以到这一带游水为荣。傍晚南风正紧，巨浪排山倒海，涛声雷鸣。游水的二三十个同学多是中学生，小学生只有五六个，浪上边顿时就像凫了几十只鸭子。风浪太大，游了一会儿，我们这些小学生就开始跳浪了。

跳浪看起来简单——当大浪来时纵身一跳，探首波峰，就见浪卷银雪，飞溅激珠，浪谷如壑，走蛇游龙……身子一晃，沉沉稳稳地落下，就听身后甩响一个炸雷……然后再迎接下一个浪涛的到来。但潜伏的危险，就在于往下落的把捏，若落的不是时候，或是脚没有把牢，一个歪趔，回涌一抽，就会被浪卷走。人们都震慑于惊涛拍岸，识水性的人都知道，最具力量的却是浪的回抽。跳浪的惊险和刺激性——诱惑力正在于此。

我就是在得意忘形中被回涌抽走，卷到浪里。开头我很害怕，心里清楚碰到了麻烦，特别是在河口这一段。我挣扎着从浪的裹卷中探出了头——已离岸很远了，正在河道边的涌流中，小朋友们玩得正欢，谁也没有发现我。我张口大喊："救……"一个排浪又将我压下水底……在这一刹那，脑子里想得很多，难道就这样被淹死？

不！绝对不！

我告诫自己，先不要急，呛水、喝水都没事。平时口渴了，我一次能喝两瓢水，要紧的是脑子不能糊涂，最要紧的先是挣脱河口与浪形成的涌。但这股涌却像条蛇一样，死死缠住我的手脚。

又一股涌将我裹去，感到水稍凉了些。我一个激灵，顺势潜游进去。真的，水凉，我感到是进入了河道。浮上来一看，果然是在河道！我松了口气，喜悦给全身增添了巨大的力量。水边的孩子都知道，夏天不同的地方水温不一样，水越深越凉。我就是用了这点小聪明，摆脱了涌流。

河道里水虽然深，但比浪平缓，没有卷浪，更何况还有船只消浪。我在和涌流争斗中已筋疲力尽，但要活命，只能拼命游水，没有任何办法。

我干脆将头闷到水里游，喝水就喝水吧，只要游到岸，喝点水又有什么关系……

不知过了多长时间，听到有人在喊我。强睁开眼一看，是堂叔法志二爷。

"你喝水了？看你肚子鼓的。走得动？我背你回家。"

"谁说我喝水了？我是吃了个大西瓜。"我用手拍了拍肚子，"咚咚"响，"正在晒太阳哩！"

是那副淘气像，还是因为……法志二爷摇摇头，走了。

河滩上是那样地静，小朋友们早已不知去向。太阳正向西边湖水沉去。我想：今天的事一定不能让姨母知道，若让她知道了，不仅担惊受怕，而且以后的一切冒险活动都没有机会参加了。她和妈妈的性格不一样，只要是能学会生活，妈妈从来都是鼓励的。我想妈妈……妈妈若是知道这件事，一定会把眼泪都笑出来，还会摸着我的头夸奖我长大了！

真是祸不单行。没隔几天的下午，我到学校拿成绩单。刚到南头壕沟边上，就有同学在喊，壕沟里已有三四个同学在游水、摸鱼，要我赶快下去。牛满江说他刚摸到条大汪丫子，手被戳得淌血，还是让鱼跑了。四川人叫"汪丫子"鱼"黄辣丁"。它全身黄黄的，混着墨绿色，扁头、大嘴，两边各有一根胡子；背鳍上有根直立的长刺，像是三叉戟，鱼肉嫩、细腻。他们都知道我会逮鱼，七嘴八舌地催我下水……

长临镇是水陆交通的要道，这个地方被陈俊之看中了，他把保安团部设到镇上。然后征集民夫，硬是挑起了城墙，分成东西南北城门，站岗放哨，俨然是个土皇帝的城堡。城墙下挖成了环镇的水濠，水濠并不宽，大约也就八九米。

我每天上学、放学有两条路可走，一是从西门，一是从南门，距离都差不多。西门是条大路，但在夏秋两季，我特别愿意走南门。南边和西边的壕沟拐弯处是个大塘，水面宽阔。崎岖曲折的小路充满乐趣。有一次放学，我正跨过缺口时，突然听到"哗啦"一声，一条大青鱼正从塘里顺着缺口游到了田里。我慌得鞋都未来及脱就追去了，经过几个回合的周旋，还是让它冲回塘里了。我懊恼得狠狠踩了几脚，刚才应该先把它的退路堵上嘛！

没一会儿，几条小鲹条子游来了，就在淌水沟里戏水，忽上忽下。我抓了几大把水草，将缺口的下游堵了起来，再将塘边缺口改造，入水口堵得小了一些……好，四五条小鲹鱼游进去了，我迅速用手里的土将入口堵起……哎，真灵，没一小会儿，水流完了，没费多大事，我就将它们全部捉到了。时间不长，虽然那条大青鱼再也没来，但我捉到了几十条肥嫩的小鲹条子，确是一顿美味。从此，这个小缺口就成了我捉鱼的专利，我没对任何人说，也没人想起这个办法。

我们村上的两三个小同学，常常是午饭后不睡午觉就去上学，到了壕沟就下水了。摸了鱼、虾，用根柳树枝串起来，扣在水边，用水草盖起来。放学后拿了到湖滩上，捡些枯枝，挖个小坑架起小锅烧鱼汤。等到鱼汤香了，放上早就准备好的盐，几个人围在小铁锅边上吃鱼喝汤。嘿！那个汤真鲜，鲜得眉毛都打战！

摸鱼比用网抓鱼有更多的乐趣。有这样的好事，还用得着他们又劝又拉？我给几个人分配了任务。矮墩墩、胖乎乎的牛满江水性好，我叫他在最外面。叫武斌到东边去，

三次水中
逃生

还有个新同学，叫丁之林的，是这学期来我们班插班的，我要他跟我一道。他说不会水，也就算了。一声喊，我们开始"扑通、扑通"，打得山摇地动，水花四溅。两个来回就停下了，这叫赶鱼。把鱼吓到水边，我们分头开始摸鱼了。

我手刚伸到边上水草里就触到一条鱼，凭感觉它已扎到淤泥，顺手往下一按。哈哈，是条鲫鱼。摸鱼时，我最喜欢碰到鲫鱼，只要碰到它，它就像鸵鸟一样把头往淤泥里扎，最好捉了。碰到黑鱼和鲇胡子，又高兴又烦人，滑不刺溜的，不当心还能被鲇胡子咬一口，它两排锋利的牙齿可厉害了，嘴又大。只能是见机行事，一般是放它过去，自认倒霉。说到黑鱼，我倒是有次意外的收获。

那年清塘，水放干了，又晒了近半个月，塘底能站人了才开始起淤泥。淤泥是肥料，挖深了塘又可以多蓄水。嘿，妙事出来了，一锹挖了个大洞，一条两斤多重的大黑鱼正躺在那里。别看只是在烂泥坑里，还是费了很大劲，溅得满身都是泥星子，我才把它捉到。黑鱼性长，躲过了竭泽而渔，机智地在烂泥里造了个逃生洞。

有时，掏水边的洞能抓到螃蟹；有时，像是捉到黄鳝，但等拿到水面一看却是一条蛇！经验多了，再摸到像是鳝鱼的，就逆向蹭一下鳞，挡手的赶快放掉，那是蛇。我们还真的捉到过好几条大黄鳝。

　　摸鱼最怕、最喜欢的是碰到汪丫子。过去这种鱼不稀罕，很多，不像现在，被饭店炒得很俏。这边壕沟里有许多这种鱼，可我摸了五六条鲫鱼，还没碰到它。在一丛苇根处，我摸到它了。小心翼翼捏住它的腮，窍门是既不使劲，又不让它逃掉，它就乖乖地随你了。一出水它就"汪丫、汪丫"的大叫，像是喊疼，又像是非常不服气。这条可真大，总有半斤多重。

　　一旁观看的丁之林在对岸乐得大呼小叫，涨得满脸通红，无数的雀斑非常显眼。这引起了我的兴趣。壕沟靠城墙的一边草多，大家都在这边摸鱼。我说："你不是会游一点吗？"他说："只会一点点，还要把头闷在水里。"我说："你想不想摸鱼？"他狠狠地点了点头。我说："打不透的地方，只不过两托长，一扑就过去了。你游，我护住你。"

　　大概是摸鱼太诱惑人了，他又是从城里来的，想也没想，一低头就游起来了。我踩水在旁边护着。眼看快过去了，不知他哪根神经出了岔，却慌起来，身子往下沉，两手在空中乱舞。我赶快去救他，他一把揪住我就往下按，人一下骑到我的脖子上，两只脚还绞起来盘着，卡得我脖子生疼。我只好憋住气，把他往对岸顶，他却仰身往后挣。我使劲用脚蹬，没往上蹿一点，又被他紧紧按住。外婆常说在水里救人，要特别当心，溺水的人抓住什么都以为是救命的稻草。

几下一折腾，我也被弄得浑身没劲，难道要两个人一道淹死？真没想到在水沟里会出事。脑子一静，我想应先摆脱他的纠缠，我活了才能救起他。还是淘气淘出了办法，人的两个大腿丫有两根酸筋。我使出了浑身的力气，猛地双手拿捏他大腿丫的酸筋。他往上一蹿，我就势从水里逃出。浮上水面，见他又沉下去，只有头发像一团水草漂在水面。我迅速抓住他的头发，将他倒拖到岸边……

这时，那两位同学也赶来了，手忙脚乱地帮他控水，捶背……他脸色煞白，雀斑显得又黑又密，但傻笑着，似乎还没明白发生了什么事……

我想："再下水救人之前，先得动动脑子。"

12岁那年，家里生活实在艰难，姨母将我送到三河去当学徒。

三河在巢湖的南岸，是个重镇，也是太平天国时著名的三河大战的战场。那里商业繁荣，一条大河由东向西流向巢湖，将镇分成南北。北岸主要是商业区。

我在一家染坊兼卖颜料的小作坊当学徒，门面在北岸东大街。老板姓丁，大师傅也姓丁，是老板家族的兄弟。姨母曾给过老板妈妈很大的帮助。门面内还有一个布庄，老板姓章。那时，东头圩埂上都是织布的小机房，多为两三张家庭式的织布机。每天这些小机房主卖完了布，就来颜料坊喝茶，交流信息，买颜料。也有乡下人送来白织布染色的。

我的职责是每天早晨先将水缸挑满，然后是打开店门、烧水，招待这些机房主，忙得团团转。三河是鱼米之乡，每天早晨，菱角和藕的叫卖声络绎不绝，叫声悠长流韵，从小提桶里冒出一股温暖的菱角香、藕香。老板们大多以此作为早点，再买几个粑粑，就是很别致的早餐了。但学徒是没有权利享受的，一直要到11点左右才有一餐饭，那是我和老板娘共同操作出的作品。饭端到桌上，老板和大师傅才来。我只能站在一边吃饭，还要瞅着给老板和大师傅添饭。动作稍迟，老板就要骂"笨得像猪"。只要老板一放碗，我就得赶快吃完饭，不管饱没饱，都得放下碗，要不然，老板又要骂"饿死鬼投胎的"！下午是砸烧碱、配颜料、染布。四五点钟吃晚餐，然后就是饥肠辘辘的漫漫长夜。

我得看店堂，只能睡在柜台上。柜台只不过两尺多宽，我有本事睡上后就不再翻身了。早上起来被子都不乱，从来也没掉下来过。这种稳如磐石的平衡本事，在以后的探险生活中给了我很多意想不到的帮助。

最难忍受的是饥饿。特别是每天早晨，那卖藕、卖菱角的声音一响，我的胃就冒酸水。这种像猫挠的胃疼，一直要延续到中午11点。直到今天，不管在什么地方，只要看到卖煮菱角、煮藕的，我都会毫不犹豫地去买一些。

再是想家，想湖边的苇荡、沙滩、学校……我都咬紧牙关忍着。姨母和外婆都曾一再叮嘱我，人应该能吃得苦中苦，"咬口生姜喝口醋"，才能自立。我不愿辜负她们的期望。

唯一的趣事，是晚上读书。卖颜料就要包颜料，包颜料的纸都是买来的旧书、旧报。我就是从这些旧书中，读到一个外国作家写的染坊中的故事。那些故事常常使我忍俊不禁，因为从那里看到了我生活的影子……要说以后当作家的念头的产生，或许多少与此有些瓜葛……

一个念头萌生了出来："我要读书！"发现这个念头时，我也吃了一惊！我怎么离开这屈辱的学徒生活？身无分文，能走到哪里？有了念头，就等待下决心了。

初夏，一个雨后的晴天，我去河边淘米、洗菜。桃花汛已将河水涨得满满的，山里放来的木排，长龙般逶迤在河上。我就近上到木排，放下淘米篮，开始洗菜。正洗着，突然听到一种异样的声音，我循声看去，就见上游有水头冲来。刚意识到是山洪来了，我就见淘米篮已被冲到河里，伸手去抓，它溜溜地转走了，我想也没想，就跳到河里……

米篮就在我前面转，速度并不快，可就是抓不住它，总是差那么一点点，就像在梦中抓东西一样……等我想起可能是水光在作怪，气也憋不住了，赶快浮出水面时，头却狠狠给碰了一下，坏了，钻到木排肚里了！这是最可怕的事！钻到木排肚里的人很难逃出。

有了前两次水里逃生的经验，我想第一还是不要慌，一冷静，主意果然出来了。我憋不住气，只好喝水。我伸出手摸清了木头的走向，然后两手扳住木排，朝水流急的方向横向扳，终于游出来了。

爬上了木排，我就软瘫在上面。我刚站起来，就见我的老板正气急败坏地向这边跑来，原来是有人报了信，说："你家小学徒跳水，钻到木排肚里了……"

我又一次死里逃生！

不久，我接到大哥刘先紫的信，说是大姑母病危，要我赶快回家。大姑母一生无儿无女，最疼我，我当然要回家。老板不愿意，黑着脸说是有三年的文书契约。但看我很坚决，又转为笑脸，许我每天早上可以和他家一道吃早点，小孩的尿布也不要我洗了……

我还是要回家，因为我感到大哥的信里有文章。他一直鼓吹人应该多读书，虽只读过两年私塾，但完全凭着毅力，自学了数学、物理、化学，第三年，他终于辞去工作，插班高二读书了。难道是要我回家……

夜里，老板给我算了账，说是打碎了一个水瓶、两只碗，理了几次发，除了我姨母放在他那里的 2 元（当学徒的规矩是身上不能有钱），不仅没有分文的工资，反而还欠他 2 元

8 角钱……

回家没几天，我真的到合肥考中学了……

三次水里逃生，使我更加热爱冒险。我在《千鸟谷追踪》的卷首语中写下了这么一段话："危险时刻，他虽然腿肚发抖，在生命攸关时，能吓得魂不附体；但在那种令人颤抖的冒险中，同时有着令人难忘的快乐。这种快乐一生中也只有那么几次。这是因为在和危险、恐怖搏斗时，心中油然生起一种自豪——对于自我价值的肯定——对生命的赞颂！这是一个懦夫永远体会不到的情感，当然也根本得不到这种快乐。"

我酷爱在大自然中探险。

考 学

我十一二岁时，灾难接踵而来。初夏，久病不起的母亲去世了。父亲早在我 3 岁时，也因时时遭到日寇的追击，病逝他乡。为给母亲治病，家里已一贫如洗。慈爱的姨母毅然来到我家，和外祖母一同担负起扶养我们姐弟三人的生活。那时大哥在芜湖当学徒。母亲逝世不久，又发大水，庄稼被淹，房子也倒了。我接连两次遇险，差点在水中淹死。

母亲的去世，对我打击很大，失去了深厚的母爱，失去了精神依靠，我不知道将怎样面对生活，成天悲伤、沮丧。

冬季，我们常常要忍饥挨饿。异常艰难的生活，使我逐渐想到应该为姨母和外祖母分担生活的重担。我是现在家中最大的男孩子，应该自己去找饭碗。

有一天，姨母同村的丁大奶奶到家里来了。她年轻时守寡，靠针线活将两个儿子扶养成人，姨母曾给过她很大的帮助。晚上，她俩絮絮叨叨一夜，大多是感叹姨母命苦。偶尔听到姨母长叹一声"他还太小了"。我敏感到这位丁大奶奶此行与我有关。三天后，我的预感变成了事实，姨母告诉我，丁大奶奶的两个儿子都在三河开作坊。大儿子开了个染坊，愿意收我为学徒。姨母认为我年龄太小，但丁大奶奶一再说："活不重，只是看看店堂。我那儿子孝顺，听我的话。你过去对我有恩，我还能亏待孩子？"姨母还是拿不定主意。外婆已泪流满面，哽咽难语。姐姐也眼睛红红的，瘦弱的弟弟低着头一声不吭……我沉默了一会儿，坚决地说："我去！"外婆、姐姐和弟弟都放声大哭，姨母一言不吭，只是不断擦着涌出的泪水。我鼻子发酸，强忍着没有让泪流出："这又不是去跳火坑！三年出师了，我就能顶住大门！"

接下来的几天，外婆只要有机会就对我说："一定要'咬口生姜喝口醋'，顶住苦，不能'贩桃子'，两三月就跑回来。"姐姐却默默地帮我缝补衣服。弟弟则一步不离地跟在我身后。

临行那天，天阴沉沉的。姨母挑着简单的行李送我，

三次水中
逃生

沿着巢湖边的圩堤到施口乘轮船。我是第一次乘轮船横渡巢湖，对即将生活的世界很茫然，但也有着好奇和新鲜，更多的是一种自豪：我将自食其力。

在天快黑时，我们的船终于徐徐靠岸。三河给我的印象是大河两岸的商埠，河南、河北的街道就在圩埂上，河北店铺林立。

老板开的实际上是个小作坊，染布并兼营染布的颜料，在河北东街，紧靠曹柳门巷。房子很深，后面住着房东一家。丁大奶奶和老板娘一再要我姨母放心，说是将会像家里人一样待我。姨母说了许多的感谢话，第三天就回去了。

姨母一走，我就正式干活了。每天清早起来开店门。门面的排板一块总有3米多长，40来厘米宽，4厘米厚，约15千克。这对个子矮小、瘦弱的12岁的我来说，实在是难以胜任。第一天我咬紧牙关，将它一块块从门槽中取下。但两块一道扛时，因个子矮，我只得深弯腰，猛吸一口气，攒足了劲扛起来。刚扛起时，板长，重心往下一沉就砸了下来，将柜台上的东西打得震天响，我也跌坐在地上。我连忙站起来，老板已从里面窜出，劈头打了我一巴掌。本能的反应使我握了拳头就要往上冲，可突然一惊：我是在当学徒。老板上来又是一巴掌，滚烫的血从我的鼻孔中流出。"你这小东西，胆子不小。想还手？三年生死文书订了，打死你也不偿命！今天跟你讲清了，拳头就是饭，唾沫就是茶，是这个命，你就得认！我就是从这当中熬过来的。再要把门板砸下来，就砸烂你的头！"

我是个野孩子，从未受过这样的欺侮。记得我9岁时，有一天放学捧着几只同学送的蚕经过城门口，陈俊之自卫团站岗的兵痞子一定要看。小学生中流传说蚕见太阳就要死，我不给他看。他恼了，伸手就把我手中的蚕打掉在地。我气得一头撞过去，撞得他跌了个四脚朝天。他爬起来就用枪托子砸，我却一溜烟跑了，在小圩的窄田埂上和他绕圈圈……以后好几个月我都是绕道南门去上学。

母亲也常教导我们，不欺侮人，也别受人欺侮。冷静下来，我当然不敢第一天就把饭碗砸掉，鲜血不断从鼻孔中流出，滴到地上，我努力克制着不断翻涌的热血，但肯定是怒目相视。老板身材细条，脸膛白白的，梳了个大背头，油光闪亮。给我最初的印象他是个斯文人，可这时他左右颧骨通红，像是讨债的白面无常，显得狰狞可怖……一定是我那副神情使他没有再动手，愕然地站在那里。直到大师傅拍拍我的肩，我才回过神来。"一次只要扛一块，来，我扛给你看。"

整个事情中没有见到丁大奶奶。直到我铺被子时，她才悄悄地来到身边，先是抚摸我的头，半天才说："以后扛门板，只一块一块扛，不要贪多。他当学徒时，受的罪比你还要多！唉！常说十年的媳妇熬成婆。别记恨他，当学徒的都有这一关。"我的心往下一沉：他要在我身上讨债了，以后可得格外当心。她待了半个小时，可我一声未吭。

鼻血还未止住，我就去挑水，这是规定给我的生活。我的个子太矮，只好一再将系绳缩短。出门后向左转，经过张一鸣医院，再向南，穿过一条长长的石板路巷子，到达河边的石级码头。从小在家种菜就得经常挑水浇，但我总感到这条巷子是那样长，它被两边的高墙夹住，尤其是在冬天，石板上结了冰，稍不留意就会滑倒，肩上的担子也越来越重，不能换肩，不能停下歇息，只能一步步向前挪，这使它显得更为幽深、漫长。在以后的岁月中，我眼前常常浮现它的无穷幽深，甚至耳边还回荡着沉重的脚步踩在石板路上的一记记回响——特别是在山野和人生道路上进行漫长的跋涉时。直到1988年，电视台拍我的专题片，妻和孩子都一同去了，发现这条巷子才不过20米。起先，我以为是找错了地方，但经过多次反复考察，确实是这条巷子，然而这也未能改变我记忆中它的幽深和漫长——大约正是它锤炼了一个人的毅力和坚韧。

把水缸挑满，我就得赶快去水炉冲开水，洗茶壶、茶杯。街面上已熙熙攘攘了，店里的主顾们也快到了。主顾主要是织布的小机房主。那时在东门外的圩埂上，有很多家庭式的织布作坊，多者七八张织布机，少者两三张。这些小机房主去早市卖布，卖完布后就到这里来买颜料、喝茶、闲聊、交流各种信息。我得负责茶水和招待。他们性格各异，我得随时谨慎，得罪了主顾，老板是不答应的，同时还要接待那些零散的来染布的顾客。这样一直要忙到近11点，其间还得帮老板娘淘米、洗菜、烧饭，这时才能吃上第一顿饭。

洗完锅碗，得赶快去砸烧碱。烧碱是染布时必不可少的化工原料。一筒烧碱有几十千克重，我当然扛不动，只好从库房里将它滚出来。它是长圆筒状，开它时需有点技术，一般是大师傅干。大师傅是个憨厚人，他先是撩起长衫，拿起我递给他的斧头，抡起斧背先行砸一两圈，然后再用斧口劈开咬合的铁皮，之后就是我的事了。要将大块的肉红色烧碱砸成小块，便于包装。看着这是个简单的力气活，其实并不简单。烧碱有强烈的腐蚀性，老板也不给手套，也不给防护镜。一筒烧碱砸完，左手的拇指、食指、中指总是要烂掉一层皮，血迹斑斑，疼得浑身打哆嗦，几天之中拿东西、沾水，火烧火燎疼得钻心。要把大块砸成小块有很多窍门，稍不留意，就右手砸了左手。第一次砸完一筒烧碱后，第二天我发现衣服上有好几个洞，身上皮肤也烂了好几块，再一想，肯定是碎块溅的。有一次，溅到了眼里，赶紧用水不断冲，但还是红肿了一个多星期。后来大师傅说我幸运，因为曾有人把眼烧瞎，从此每次砸的时候我都将眼眯起来。既要把大块砸成小块，但碎粉若多了，

三次水中
逃生

老板就要骂"败家子"。因为细碎的小块和粉很快就溶化了。有了经验，砸完了烧碱，我总是赶快去洗澡。冬天洗澡，我得向老板拿钱。当学徒的有规矩，身上不能装分文。姨母走时交了两块钱给老板，说明是给我剃头、洗澡的。每逢这时，老板总是眼一斜："身上生蛆啦！"我也总是翻眼看着他，重复一句话："拿三姨娘留给我的。"

傍晚左右，是第二餐饭，也是一天中的最后一餐饭。晚上老板三天两头就要出去在饭店里"抬石头"或叫"打平和"。我得一直等到深夜，直到他回来。逢到他高兴时，也还对我说几句关心的话。关上了门，我才能把被子铺到两尺多宽的柜台上。那种磨炼，使我能一夜不翻身，也从未跌下来过。对面布庄的学徒小贺，睡在比柜台宽得多的春凳上，却隔三岔五要跌下来。

老板娘生下第二个孩子时，我的工作更加繁重，不仅要带大孩子，还要为婴儿洗尿布。

晚上等到把一切的杂事都做完了，老板娘和大师傅都睡下，不再支使我做这做那，这时才是我自由的天地，虽然这个天地很小，只能局限在店堂的 10 多平方米内。老板有规定，不可擅自离开一步。最初的日子，一到这时，湖边的各种趣事，沙滩、芦苇的种种神奇，海阔天空，无拘无束的自由……全都涌现出来。得意和欢乐，常常使我笑出声来……是的，我想家，想外婆、三姨娘、姐姐和弟弟，想我大哥。特别想妈妈，她绝不会让我忍受这么多的屈辱。当我明白了这一点，狠狠地捶了捶头，外婆说过"吃得苦中苦，才能自立"。连这点苦都不能吃，还想担当起支撑家庭的担子？从这以后，只要这些影像一出现，我就立即抑制。

我终于在书籍中找到了最大的乐趣。包颜料的纸都是廉价收购来的旧书报，五花八门、各色各样。我在如豆的油灯下，贪婪地读着这些已被撕开的书籍的片断，幸运时，还能碰到整本的书，以至于老板娘数次警告我耗油太多。记得曾读过一个外国作家写的关于染坊的各种人物和生活。那些幽默的语言、鲜活的形象，特别贴近我的生活，常使我忍不住大笑。它使我心里朦朦胧胧中产生了一种欲望：也把我当学徒的染坊里的故事告诉人……这或许与我以后想当作家有些瓜葛。

但最难耐的是饥肠辘辘的漫漫长夜。作坊里每天只有两餐饭，但老板和家人及大师傅早上有一餐早点。三河的早点非常丰富：狮子头、烧卖、油条、煮干丝……尤其是卖煮菱和煮藕的，叫卖声悠长流韵，小桶里冒出热腾腾的菱香、藕香，使人馋涎欲滴。老板每天总是要买很多的点心，但小学徒是没有享用这些美味的权利的，这个规矩老板第一天就宣布了。只能看着他们快乐地吃着，不时地赞美着菱的清香和藕的绵软。以后，只要一听到叫卖菱藕声，就胃酸翻涌，像猫抓的难受。关于吃饭时我的处境，在《三次水中逃生》中已有简单叙述。尽管我做了种种设计，减少程序，加快吃饭的速度，但总是只能吃个七八成饱。若是碰上孩子拉屎，或是被支使临时去干件事，那可就惨了。刷锅洗碗时，若老板娘不在旁监视，我也可以乘机偷偷塞些饭团到嘴里，但这样的机会不多。也有特殊的时候，老板的妈妈丁大奶奶在这里住时，每次刷锅，她都要我再吃点饭，并帮我望风。我曾埋怨过她在姨母面前把学徒的生活说得那么轻松，把她的儿子说得那么好……这时，我原谅她了。

　　但是，好景不长，在一次为家务事的纠纷中，我亲眼见到老板打了他的妈妈。我冲上去护住她，老板一下将我揉出多远，我爬起来就把老板撞到一边，大喊一声："她是你妈！"老板愣住了，少顷，放声大哭。老人没有掉一滴泪，只是木木地坐着，不吃不喝。我担心要出事，陪她坐在那里，想说几句安慰的话，可心里乱成一团麻，怎么也说不出一句。夜已很深了，她轻轻地说："他不是有意的，是急了。不要对外人说，你去睡吧。"我怯怯地走了。想起姨母说的她20多岁守寡，全凭手中的针线将两个儿子拉扯大，把一生的幸福、一生的期望都倾注在儿子的身上，然而……第二天早上我见到她时，似是变了个人，满脸憔悴，白发平添了许多。她走了，回到乡下去了。她的二儿子在斜对门做丝线，但儿媳妇容不下她，才到大儿子这边来的。没过多久，她就满怀辛酸、悲伤和失望离开了人世。这件事对我心灵产生剧烈的震荡，久久难以平复。

一个十二三岁的孩子，每天的劳作又是那样的繁重，食物对他说来是何等重要。冬季天短，第二餐饭相应的要早一点，在下午4点钟左右，只是夜晚那饥饿感更为难耐。开始时，像是猫爪在胃里挠，渐渐地，老鼠、狗、兔的爪子都来抓了。突然，像有团火"轰"地一下点燃，饥火烧灼得我坐立不安，我常在这时冲到水缸边喝上一瓢凉水，可没一小会儿，那火又烧起来了……它使我想起了许多事。就是因为在家中挨饿挨怕了，才愿意出来当学徒的，但在家中，饭再少，外婆、姨母、姐姐总是要多给我和弟弟。饿了，我们还可以随时到菜园里摘些瓜呀果的填饥，可现在……这种饥饿的感觉，比在家里更为难受……我开始怀疑来当学徒是否正确了。读书，是帮助我度过饥饿煎熬和漫漫长夜的唯一食粮，书籍已经打开了精彩的世界，使我这个生于湖边、长于湖边的野孩子，看到了另外五光十色的生活，心田扩展开了，有着各种向往。那时最令我向往的是既不挨饿又能读书，那是多么美好！

初夏雨后的一天，我去河边淘米、洗菜。乘桃花汛放来的木排挤满了河边，来河边洗涮的人都上到木排上。我淘完了米放下淘米篮，正在洗菜，突然听到异样的声音，循声看去，好家伙，山洪来了。我赶快收拾后撤，谁知淘米篮已被水头冲去，只见它滴溜溜转。想也没想我就跳进河中去追，只见它在前面转，伸手就可抓到，却总是抓不到，像是在梦中一样……几个回合下来，明白了可能是水光的折射在作怪，也憋不住气了，上去吧。往上一浮，头却被撞了一下。坏了，钻到木排肚里了。我在水边长大的，深知钻到木排肚的危险，因为木排长，总是尽量往岸边靠，能活着出来的人并不多。难道这次真的要在水中淹死？不，绝对不能！在家乡时，我曾两次水中逃生，经验告诉我，最紧要的是头脑要清醒。冷静下来之后，为了不让水呛着，我只好主动喝水，缓解憋闷。再一想，心里亮堂了。我摸清了木头的走向，感觉到了水流急的方向，然后用手沿着木排横向向水流急的方向扳……终于，从木排肚里钻了出来……木排是一根根竖向编的，而水流急的方向正是河的中间，我就是凭着这点小聪明救了自己。等我爬到木排上，挺着个胀肚子软瘫地躺着，看到老板气急败坏地跑来了。原来有人去报了信：你家小学徒跳水钻到木排肚里了。

老板给我一顿臭骂，说是想要挟他。因为他对我的刻薄已引起了街坊邻居的议论。

晚上，一个念头突然冒出："我要离开这里，去读书！"自己也被这个念头吓了一跳。怎么向姨母、外婆、姐姐、弟弟交代呢？但我就这样苦熬下去，连自己都保不住，还怎能履行对他们的许诺？怎能担负起支撑家庭的重任……可怎么离开呢？什么时候离开呢？离开后又到哪里去寻找饭碗呢？

最重要的是，我已经有了这样的想法，余下的是下决心和时机了。

不久的一天，我突然接到一封信，看笔迹是大哥刘先紫写来的。自从我到三河当学徒，按照姨母的嘱咐，不往家里写信，家里也不给我写信，理由是防止我想家。我感到拆信的手在颤抖，心在急速地跳动，费了很大劲才将信纸抽出，隐约地觉得这封信将给我带来重要的消息。信很短，大哥说大姑母病危，要我立即回家。脑子里立即一片空白，接着被大姑母病危的悲伤充满了心间。大姑母非常聪慧，但一生坎坷，无儿无女，患有肺结核，长期和我们住在一起。平时较疼我，用我母亲的话是"吃虾子也少不了我一条腿"。但她给我食品时，只要母亲看到，总是要说她。可她仍是笑眯眯地偷偷塞给我："我未沾过嘴，不会把病传给你。"现在大哥叫我回去，看样子是病得很严重。

我将信交给了老板，老板说他也收到了我大哥的信……你既不顶家主事，他又已回去了，你不必去了。我列举了种种理由，说明应该回。他说来时就订过三年生死文书契约……接着老板娘出动了，尽拣好的说，并且许诺以后和他家人同吃早饭，孩子的尿布也不要我洗了。三年学徒，眼看就要熬出了头……总之就是劝我不要回家。

无论是反对还是劝说，他们的话都响应了我的感觉，这封信中藏着重要的内容，只有回家才能知道。难道是让我读书？我很清楚，在决定我去当学徒时，姨母并没有征求大哥的意见。原因是他远在芜湖，出师时间不长，工资微薄，已到了成家的年龄。大哥是十四五岁出去当学徒的，在战乱的年月里，断断续续读过几年私塾。但他一向主张要读书，认为读了书才能使人聪明，才有出路。我惊喜得不敢再往下想。

老板看我已在收拾行装，深知我人虽小，但决心一定是会拼命的。老板娘又变了一副面孔，要我早去早回。晚上，我向老板要路费乘船，他煞有介事地把算盘拨拉得震天响，说不仅姨母留下的 2 元钱已用完，还倒欠他 2 元 8 角。原因是两年中打碎了一只水瓶、三只碗、剃头、洗澡……工资当然是分文没有。

"明天我起早走！"我说得斩钉截铁。

大师傅闻声从阁楼上下来了，正要张口时，老板把算盘珠一拨："再借 5 角钱给你。"随即在账上记下，从抽斗里拿出了钱（船票是 4 角 5 分钱）。

我很感激大师傅。他平时言语不多，说话和和气气，从不欺侮我。只要他看到，总是帮我干这干那。我大学毕业工作后，多次寻找他，希望能当面表达我的感谢，然而都未成功，直到现在还觉得是件憾事。

轮船一出河口，我就看到了巢湖中的孤山。眼睛湿润了，强行压制着心绪的涌动，可越是强压，那思绪越是澎湃翻涌，胸口涨得发痛，非常想放声大哭一场。可轮船上挤满了乘客，我不想让别人看到一个男人的眼泪，于是，疾步走到船舷捧起水使劲喝……我家在巢湖北岸，每天打开大门就看到浮在湖中的孤山，它曾引发过我无限的遐想。现在见到它，就像是见到了家——苦难而充满温暖的家。

从施口下船，走过漫长的湖滩，终于看到西边湖村的浓绿的杨柳了，马上就要见到在梦中给我欢乐的故乡了。越是快到村口，心里越是胆怯起来，我把草帽压得很低，不希望见到任何人。可是我刚到村口西头的小塘边，还是被书法家大嫂看到了，只听她惊呼一声："这不是先平吗？"仅仅是这一句话，又触及了我在船上看到孤山时的思绪，一溜小跑往家里赶。刚踏进大门，那奔涌的思绪冲开了闸门。我放声大哭，哭得山摇地动，以致外婆上来抱住劝慰也停不下来，直惹得外婆也号啕大哭……

大哥闻讯赶回家了，满脸惊讶："哭什么？"

"我马上去湖西吴村。"

"干什么？"

"你不是说大姑母病重了？"

他笑眯眯地用指关节在我头上敲了两记："叫你回来

考学校！现在是新中国，中——华——人——民——共——
和——国！"

"那你信上怎么……"

"不那样写，老板能放你回来？"

我还是不敢相信："你现在有钱了？"

"学徒再当下去，你就变成个大傻瓜了！告诉你吧，
新中国一切都不一样了。现在穷人家孩子去读书，只要你
成绩好，国家就给饭吃，就免掉学费，这叫人——民——助——
学——金！"

在苦难的熬煎中盼望了那么久的福音，真正来临时，
心里倒反而平静了下来。相比之下，大哥满口的新名词、
新的消息、新的世界，更引起我的无比好奇。

大哥不容置疑地向我宣布，既要考学校，就到合肥去考，
考当时最好的学校——合肥第二初级中学。一问考试时间，
却只有八九天了。我有点顾虑。大哥却豪迈地说："志向
要高，努力要实。你有灵气，再难考的学校也是人考的嘛！
我只读过私塾，但现在在学数、理、化，也没什么难的，
关键在志气。"

大哥比我大 6 岁，由于他年少时就出去当学徒了，我
们在一起生活的时间并不多，但他一直是我们的榜样。只
是他在水边长大，却不会游水（可能至今还不会游水），这
多少有损他在我心目中的光辉形象。

我赶快找课本，曾读过的小学课本却让弟弟搞丢了。再是由于在船上喝了那么多的脏水，到家就开始拉肚子，拉得浑身无力。但第二天，我还是强忍着肚疼，走了很长的路跑到寺门口村，找同班同学刘先武借来了书。他已上中学了。

我发现姨母对此事一直不太热情，也不敢问，也无暇问，只恨白天的时间太短，有那么多的书要看。多少年后我都非常惊奇，在那五六天中，读书是那样入脑子。

报名截止的最后一天，也就是临考前的一天，天刚亮，外婆就喊醒了我。五姑父带着小表哥也出了门，他是特意送小表哥去合肥考试的。大哥穿着件短裤头（他平时总是衣冠整齐）跑来嘱托五姑父，一路上一定要照顾我。五姑父满口答应。为了省两角钱的船票，我们走了10多里地到三叉河乘木船。

五姑父在船上反复督促小表哥背书。小表哥其实只比我月份大，是应届毕业生，在班里总是前三名。他背起书来有韵有辙，朗朗不绝，使我很羡慕。五姑父听得心花怒放，得意之中，突然问一句："你这次去，考不取怎么办？"小表哥先是垂下眼皮，但在五姑父威严的目光紧逼下，脱口而出："考不取，我就投大河！"五姑父更得意："男儿应有志气。"转而又问我："先平，你考不取怎么办？"他明明知道我已荒芜了两年学业，现在这样一问不是把前

三次水中逃生

面要小表哥背书等的用意，表现得太清楚了吗？我笑着说："反正我不投大河！"他无奈地摇摇头。

小表哥性格温顺，懂得的知识也较多，我们都喜欢跟他玩。五姑父很看重读书，有些家学的底子，但仕途坎坷。大约是抗战胜利后，他带着五姑母和两个表哥回到了家乡。他家在罗胜四村，兄弟五人，老宅已无立身之地。他是老大，当然不能再往老宅中挤，于是在我家南边菜地，含辛茹苦地盖起了三间草屋，放下架子，水一身，泥一身，与姑母种菜为生，将无限的希望寄托在儿子的身上。他为人耿直，严于律己，对生活从无怨言，只是苦挣苦累，但仍不失儒雅之风。在1959年的大饥荒中，为了姑母和小表哥去世了，最终未能看到他儿子的成功。我常常为他感到不平。夜晚，常常听到他教小表哥琅琅读书的声音。有一次姨母在我家，很感慨地说："先平应该向他学习，不用苦功，哪能读好书？"母亲却不以为然："他爸爸（我的父亲曾任庐州师范教师）在世时说过，读书有各种读法，何必强求一致。五哥把孩子管得太死了，读死书害人。"

小木船在淝河中蜿蜒，下午三四点钟才到达合肥。嗬！好大的城市！繁华的三河镇也只不过是它的一个角角。但我心事重重，无心赏景。先跟着到大表哥处，大表哥当时在粮站工作，正在河滩上收购粮食。五姑父和他说了几句话，就领着我们急急忙忙往西门赶。

合肥第二初级中学的校址是原府学，前面的状元桥和后面的文庙都还在。校内到处是考生，因为是报名的最后一天，外地的考生都赶来了。操场上有面新中国的鲜艳的国旗在飘扬，我长久默默地仰头注视，满腔的希望都倾注在那耀目的红艳中。

排队等待报名时，眨眼之间，小表哥已插到另一队前面。等到他把一切手续都办好了，身材魁梧的五姑父拉起他说："先平，我们到你大表哥那里去了！"

我很愕然，这不是要甩了我吗？可我将脖子一偏："你们走吧！"

我又佩服起大哥了。他深知五姑父的脾气，昨晚，特意多加了2元钱给我，担心五姑父不愿牵累。现在想起来，这或许就是五姑父教育孩子的一种方法。

等我报完了名，天已傍晚。这下我真的傻眼了，到哪里栖身过夜呢？明天就要考试呀！真是四顾茫然。转而一想，现在天热，我又带了线单，就在教室外睡一夜，问题也不大，就怕看门的来撵。这时，我发现有两个大同学一直在注意我，还小声议论着什么，接着发现他们胸前都佩有"考生服务团"的标志。眼睛一亮，立即上前问："晚上有住的地方吗？"大约是穿着土布褂子、短裤头，斜肩着一床线单，提着一只土布口袋的我，茫然的样子早已使他们心中有数，忙说："有，有！最近的是第七小学，出

三次水中
逃生

校门向右拐，没几步路就到了。我们送你去。"我无限感激地说："不用，我能找到。"

　　第七小学是一座祠堂的旧址，有很大的天井和回廊，全是青石铺就的。后殿祖先牌位上已空空荡荡的。上到阁楼，已见几位同学在那里。住处落实了，我才感到饿得慌，还是早上在家吃的饭。等到从外面填饱肚子回来，小阁楼上已挤满了考生。我只好在楼梯口挤了块地方，铺上线单。这些考生中只有一位王裕祥后来成了我的同学。天太热了，窗户又小，挤了四五十人的阁楼简直像蒸笼。我提了线单、口袋下到天井，选了西廊沿的石板躺下，可石板也烫人，无法睡。我突然发现口袋外映了一片墨水，慌忙取出墨水瓶——还好，是瓶盖不严渗出的，还有半瓶哩！这只口袋是外婆用纺纱换来的土布做的，用了三尺布。外婆在袋口折一层，再用线编成带子穿进去，上提时袋口就自然收紧了。我特意要她在袋里靠底处再缝个小袋子装墨水，这就是我的书包。这个书包曾为我背过很多很多的书，一直伴随着我读完大学，直到工作。我一直珍藏着它，因为那里面装满了外婆的希望和我求学的艰辛。

　　墨水提醒我明天就要考试。为了考试，必须睡，心一静，没一会儿，我进入了梦乡。

　　考完的第二天，我在轮船码头碰到了大表哥兄弟。五姑父早已回去了。小表哥的满脸憔悴使我惊讶！考试中我几次见到小表哥，可没和他说一句话。仅两三天的时间，他怎么变化这么大！大表哥那时正和东湖村的一位姑娘热恋着。到了船上，我异常坚决地把买船票的钱塞到大表哥的衣袋，直到今天依然记得清楚：4角5分钱！大表哥非常不高兴，可我不管，只求他一件事，发榜时，请他顺便帮我看一下，并写信告诉我。

大哥听说我考完后感觉良好，就回芜湖了。姨母还是那样淡淡的，我很纳闷，但又不敢问。在亲友中，我最怵的是姨母，她比我母亲大12岁（我母亲是在她背上长大的），常常说母亲把孩子惯坏了。母亲却不以为然，认为培养孩子独立才是最重要的，凡是有助于我们将来能自主生活的事，一概赞成，赞成孩子去冒险、去闯荡。

姐姐偷偷告诉我："大哥对姨母没有商量就让我去当学徒有意见。他说现在根本不想成家，父母亲走得早，没有遗产，没有靠山，只希望我们都能多读点书，将来自立。为了说服姨母，他将自己的全部积蓄买了10担米，一是给家里，再是给我的上学费用。姨母一生在土地中讨生活，姨父客逝外乡，小儿子幼年夭折，女儿和女婿都被日本鬼子残杀了。命运的乖戾、生活的坎坷使她非常实在，她希望大哥成家后定下心来承担家庭的责任，顾虑那几担米根本维持不了我读书，特别是听说大哥也想读书后，更感到未来虚幻。对人民助学金一说，我将信将疑。她提出我若是考不取学校，还应回去当学徒，否则大哥就需应承永远负担我的学费。我非常理解姨母的心情，并暗暗决定："若是考不取学校或得不到助学金，那就一定要寻找到端饭碗的地方。"

没隔两年，大哥真的辞去了工作，经过考试插班高二。后来才知道，他还鼓动了同在芜湖的治仁表哥共同自学，共同考入淮南中学。大哥毕业于华东水利学院，一直在科学院工作。治仁表哥毕业于浙江大学。

在等待发榜的日子里，为了取得姨母的支持，我拼命在菜园和地里干活。一天早晨，外婆对我说："你心事太重，夜夜听到你沉重的叹气声，小人心事太重不好。你能考得取最好，考不取也不去当学徒了，菜园上的人都能活，也饿不死你一个人。听奶奶的话。"我满含着泪水点了点头。

发榜已经三四天，可一点消息也没有，但我注意五姑父家里有了反应。一天夜里，我听到五姑父怒斥小表哥的吼声，心想："坏了！小表哥肯定没有考取，大表哥已经来过信。"我请别人去他家打听，果然是没有考取。五姑父还说我也没有考取。既然如此，他为什么不直接告诉我呢？心里直打鼓。最奇怪的是，我在考试时碰到小学同学胡锡兰，她也挂着考生服务团的条子。我郑重托她为我看榜，还买了邮票交给她，她也没有来信。是怕我忍受不了打击？若说小表哥未考取是个意外，我考不取似是情理中的事，毕竟是荒芜了两年。

没过两天，姨母突然对我说："长临河中学正在招生，你去报考吧！"这不啻是大赦令，惊喜得我像个木头人似的，很长时间才回过神来，哽咽了半天也说不出话。

考场就在我曾读书的长临小学，那时中学和小学在一起。第一门数学考完后，布告栏贴了标准答案。我一对照，几乎全对。而这份试卷和二初中的试卷几乎一模一样，心里非常纳闷，决心这里一考完，就到合肥去看榜。考第二门课交卷时，发现监考的是小学同班的柳大个子。他也认出了我，都很惊讶。临出教室门，他说丁老师那里有我一封信，快去拿。我的心一下提到喉咙口，感到信中一定有命运攸关的大事。

丁老师教美术，身体瘦弱，讲话有点结巴，为人和善慈爱，就住在学校后面。我一阵风跑到他家，刚进门，丁老师就认出了我，说："邮局有封信不知该往哪投，拿来让我认。我叫他放这里，可又记不清你是哪个村的，学校又在放假。"

那是只旧式的牛皮纸长信封，刚看到左边盖的是"皖北合肥第二初级中学"长印，心就怦怦跳。投信地址是毛笔写的"合肥东乡长临河"，收信人"刘先平"三个大字赫然在上。但那时，我的名字肯定不是长临河人都能知道的，感谢聪明的邮递员送到了学校。扯开信时，"录取通知"

几个字让我一下跳了起来，拔腿就跑。丁老师追着我的身影说："这是我……我们长临……长临小学的光荣！"

我闯进教室去拿墨水，柳大个子伸手来拦，我将墨水往地下一掼，说了声再见就飞快往家跑。出了南门，见姨母在棉田里锄草。我喊了声"三姨娘！"举着那份录取通知一口气跑过去。她抬头看了看，我将录取通知往她手上一塞："我考取了！"

"不是才考两门吗？"她只将两眼紧紧盯着我。

"是合肥的！"

自觉声音并不太高，但她一震，挂着锄头挺直了腰，深深地舒了一口气。后来，姨母一直跟随我生活。70多岁时，她还背着孙子上楼。每当我和妻发生矛盾时，她总是义不容辞地责备我，数说我的种种不是，巧妙地赞扬妻的贤惠，满天的乌云顿时消散。有一次在饭桌上，大儿子有所感，说："爸爸是我们家的最高权威。"小儿子立即反驳："不对，爸爸怕奶奶！"说得老人把饭喷了一桌子。我是一米八几的大个子，但历来不善饮酒，这造成了很多误会。有一次我被朋友灌多了，回家刚开开门，就听到她在床上说："40多岁的人还把握不住自己？酒多误事！"但一当我过了50岁生日，她就劝我每晚要喝一小杯酒活血脉。

我的孩子10多岁了，还不知道她是我的姨母，而不是母亲。她在向我儿子叙述这段往事时，两眼炯炯，盈着喜悦的泪花。说她开始时不同意我考学读书，但我太想读书了。谆谆告诫她的孙子们要自信，要有韧性。不知艰难，就不知奋斗！她在94岁高寿时才离我们而去。

我拿到了录取通知书，几乎是一个村子的人都来祝贺。外婆乐得又是哭又是笑："是菩萨保佑你这无父无母的伢子！"

是新中国建立的人民助学金，使我终于又回到了学校。在到校的第一天，我再一次仰头注视着飘扬在蓝天中的鲜艳的国旗，久久地站立着。

我主要是靠人民助学金读完初中、高中、大学的！

在一次回答外国朋友问题时，我非常自豪地说："我是靠人民助学金才读上书的，是祖国人民的血汗养大的，这就是我的作品中洋溢着高昂的爱国主义的原因！"

我的老师

大年初一的早晨过得很隆重，沐浴焚香，先拜天地祖先，鸣炮开门，再拜父母、师长……

自姨母在94岁高龄仙逝之后，每年大年初一，我总是带着儿子、孙子先给老师拜年。父母的早逝，是我的不幸，但我有幸遇到了几位好老师，他们总是在最艰难的时候给我解惑、传道、授业。

接到合肥第二初级中学的录取通知后，还未高兴够，

三次水中
逃生

我就愁起了录取通知上写明报到时要交学杂费、书本费2元多，一个月伙食费6元，也就是说我最少要带9元钱。可到哪里去筹措这笔钱呢？

上学心切，又想到有人民助学金，我就提前两天到了学校，好不容易找到了班主任姚老师。他长得很英俊，穿着讲究，操着江苏口音，一问知道我才带了6元钱，不容分说，就讲："赶快回家讨钱。"我说不是有助学金吗？他说："那也要等到上课之后再评，第一个月不行。"说完转身就走了，把我孤零零地晾在那里。好心的传达室师傅大约是看到我的茫然，走来领我到了宿舍："别急，先住下再说。"

已是下午3点多钟了，水米还未沾牙。学校对面即是菜市场，我用4分钱买了两个烧饼，边走边嚼着，无意中看到了一篮子大蒜头，饱满得发亮，紫英英的皮色，是好种子。上前一问，价格比家乡的便宜不少。眼下正是种大蒜的时候，前天姨母还在说今年要种多少。心里算了一下，我急忙跑回宿舍，将外婆给我做的书包倒空，再回到菜市买了整整一口袋蒜种。

第二天，我改乘火车到桥头集，虽然路要远了七八里，且又是下午的车次，但我可以先到外婆家的三家罗。因为它比轮船票便宜了5分钱！

到了桥头集已是下午5点左右，离三家罗还有近10千米的路。我扛起30多斤的蒜种一溜小跑。不一会儿，汗水腌得眼疼，干脆脱下长裤、上衣，打起赤膊，攒足了劲赶路，希望在天黑之前赶到三家罗。似乎直到这时，我才想起要走一大段的山路，才想起关于山里狼的种种传闻……

三家罗村在青阳山脚下。在家里的菜地趁有露水干活时，只要看到菜叶上有红光相映，我会立即抬头站起来，陶醉在一轮红红的太阳从翠绿的青阳山升起，满目的光辉灿烂！傍晚那鲜红的太阳，又唤起满湖的霓霞……心中涌起对大自然的无限赞美之情……

可现在，前途的不测，青阳山的神秘，只能使我心中忐忑，加紧脚步。蒜种太重了，中午我只花4分钱买了两块烧饼，肚子早就空空，喉咙冒火，真想歇一会儿，可狼的凶残使我不敢歇，脑中浮起在三河当学徒，每天挑水时要走的那条幽深、悠长的窄巷……肩上神奇地轻了。

我已走到青阳山下了，爬了一段山路。在石牛背上，眺望到浩渺的巢湖一片橙黄闪红，夕阳已近湖面，彩色霞光四射。心里又喜又急，但我还是留恋大自然的馈赠，深深地舒了口气……

一位不速之客，我最不愿碰到的一位陌生的朋友，已神不知鬼不觉地威风凛凛地立在30多米开外。它那灰褐色的毛、硕大的头颅、三角形的嘴、龇在唇外的尖牙、雄壮的躯体，尤其是那扫帚一样的尾巴……一切都说明了它就

三次水中
逃生

是传闻中的吃人的狼！

多希望它只是一只狗！可传说中，狗的尾巴是抬起的，不粗；狼的尾巴才是拖着的，如扫帚一般！

我恐惧、紧张得只是喘着粗气。

更要命的是，我和它都在一口山塘的高埂上，都在互相盯视，它还不时伸出舌头在嘴唇上左抹右抹，似乎是在打量着眼前的美味。我偷空观察四周，选择逃跑的路线——四野没有一个人影，村子在两三里外；左边是满塘的水，面积不小，右边埂下 2 米多深才是湿漉漉的田地。是的，我可以跳到埂下逃跑，虽说有把握不致摔伤，但狼纵身一跃，不是更有优势？跳到塘里游水？常听人说"狗父狼舅"。头十岁时，村里有条黑狗特别爱跟我后面转，我经常将树棍扔到塘里，它就一跃入水将棍衔回。狼是狗的舅舅，外甥会游水，舅舅还能不会？即使我的水性比它好，可要是它坐在岸上等着，还不是玩猫捉老鼠的游戏……三次水中逃生的经验提醒我，千万要冷静，心不能乱。这样一想，我觉得首先是搞清它是不是狼？我只是听说过狼是"铜头、铁尾（扫帚尾）、豆腐腰"，可从来没见过它是什么模样。再是必须想出对付它的办法。刚上塘埂时，我看到了一头驴。回头一看，它还在那里埋头吃草，拴驴的木桩清清楚楚、不粗。有一袋蒜种可作武器，但也只能抵挡一阵。然而那是我的学费啊！想起考学的曲折和读书的艰难，最好的办法是既丢不了蒜种，又能逃走……

那狼见我不动，它突然浑身一摇，张开血盆大口，露出雪白尖利的牙齿，却一声不吭。常说咬人的狗不叫，狼也是这禀性？是示威还是发起进攻的冲锋号？

黄昏已经降临，远处村子升起的炊烟在橙色的暮霭中青青袅袅……

我已想好了让它自报家门的灵丹妙药，也算计好了逃跑的办法。那位好心的主人一定是预计到了我在这里要碰到厄难，才把那头驴放在那里。事不宜迟，我决定按想好的方案实施了。我装出不经意转身往回走了几步，过了驴的身边四五步，弯腰作捡石块的举动再猛回身，迎面向它冲去……突然，灵丹妙药起作用了，一阵狂叫响起。我浑身一软，跌坐在地上……

天哪，它叫的是"汪汪汪"，只是狼的外甥！气得我爬起来就扔过去一块泥巴，它也就夹着那扫帚般的尾巴跑走了……

还是儿时的顽皮给了我智慧。狗对生人猜忌心重，只要你做出怪异的似是攻击它的动作，它就会回应。如果是狼，我就拔起拴驴的木桩，骑到驴身上跑，或者以驴作为屏障和它周旋……

当我在满天星斗、淡淡的夜色中赶到三家罗村时，表嫂善兰大姐吓了一跳——穿着短裤，打赤膊，浑身如水洗一般，双腿发软，想将肩上的 30 斤蒜种放下，却怎么也使不上劲，可还是强撑着。正放假在家的治荣表哥连忙取下我肩上扛着的蒜种，见口袋都是湿的，惊讶不已……我只是咧着嘴笑着，伸手逗了逗在凉床上的侄儿小盟，他们一家人已吃完晚饭，在场地上乘凉。见脸盆里还有稀饭，我端起来就酣畅淋漓地吸溜起来。善兰大姐一再说："慢点，慢点，别呛着，我马上给你摊粑粑。"

二舅英年早逝，舅妈在生下治荣表哥后也撒手追随二舅而去。他是在我妈妈背上长大的，我们也就如亲兄弟一般，对表嫂也姐弟相称。她家在丁家桥村，离我家只有 2 千米，是位漂亮、热情、忠厚、泼辣、干起农活如旋风一般的姑娘。为了能够阅读表哥的来信和写信给表哥，她 20 多岁才住到我家学识字，夜晚和我们围在一盏豆油灯下学习，妈妈、姐姐和我都是老师。两年后，她终于如愿以偿能写信了，她还非常孝顺我的外婆，任劳任怨地服侍她一生，也特别关照我们。

第二天回到家，三姨母看了半天蒜种，惊讶的眼光又反反复复扫在我脸上，嘴角露出了笑容，转身将准备买蒜种的钱拿出来。外婆在枕头底下摸索，也拿出了 6 角多钱。姐姐从衣袋里抠出 1 角多钱，总算凑足了 9 元钱。

我终于又回到了学校，依靠人民助学金读书。那时的乡村孩子，脑子非常简单，现在想起往事，觉得是那样愚笨。

两个月要洗一次被子，也需回家讨点咸菜，背上 6 斤重的被子，为了省几角钱车船费，硬是起旱走 30 多千米的路到家。我常和孩子们讲，笨到不晓得将被子拆了，只带被里和被面；学习很用功，只知道学习有饭吃，不知道为什么学。乡村来的孩子，面对城市里的同学有着特别的自尊，这种自尊往往会表现得非常强烈，以至于同学们很难接受。

开学时的那个姚老师不久就调走了。班主任方明老师教政治常识，是位从乡村走出的知识分子，理解乡村学生的艰难，理解那份可贵的自尊，尽量对我给予照顾和理解。感谢他的忠厚、热心。我的助学金已很高了，但每月还要交 1 元多伙食费。家里时常不能及时带来，我就时常接到停伙通知，方老师也就赶快写担保条，我才又能到食堂吃饭。特别是他让我知道一个人不是为了自己活着，应该有理想，理想会给人无穷的力量。最使我难忘的是 1963 年，因一篇评论文章，我被省报点名后而陷入了极度的恐慌和苦闷之中，是方老师给我温暖，为我排解……他是我学业、事业上的真正的启蒙老师。在以后风风雨雨的 50 多年中，我们之间深厚的师生友谊，一直让很多人羡慕。

我从初中开始热爱写作，有了当作家的梦。但我的作品只是发表在黑板报上，投到报纸和文学杂志的稿子都被退回来了。同学们经常嘲笑我，可我不在乎，也从不怕人嘲笑。我从小就有这脾气，想干的事，谁也阻挡不了。到了高中，这种愿望非常强烈，每个星期都要写首诗，学校的黑板报常常将它登在头条。我的作文较好，经常受到语文老师的表扬。

记得是高二清明节假，全班同学都到我的家乡巢湖远足。这当然是因为我平时的宣传起了作用，大家都知道长临河一带很美。回来后语文老师要我们以这次春游写篇作文，我洋洋洒洒地在作文本上写了10多页，记叙春游的美妙，其中不断夹杂着"山歌对唱"。我很得意，盼着作文评讲，我想这次一定会以我的作文为范文……

终于盼来了作文评讲，我的大作也确实成了范文。李光业老师胖胖的、矮墩墩的、黑黑的，戴一副眼镜，当过报纸编辑，一口合肥话，语言生动、有趣。他读了我一段文字和诗，然后大声地说："写诗的朋友们，诗不同于小说、散文，诗有内在的韵律，是语言的歌，不能以为只要分行的就是诗。写诗写得不好，就很容易成了我们合肥话说'诗'字时，一滑变成了……"

"屎！"同学们同时大喊，乐得大笑，都将眼光投向了我。我顿时感到像被电击火灼，脸涨得通红。可我没有低头，却两眼直视李老师。我发觉他轻轻地怔了一下，然后语气一变："写诗的朋友们，我也很爱诗，写诗要先读诗，常说'熟读唐诗三百首，不会写来也会诌'嘛。读多了，就有体会，就有了感悟。特别是这个'悟'字非常重要，悟多了，就能写出真正的诗……"

在以后几天的教室中，常常能听到捣蛋虫们"屎人""诗人"的叫声。

"哎哟，我肚子疼死了！"

"干吗忍着？快去喷涌而出，不就有了一手（首）又一手（首）了吗？"

我从这最大的难堪中悟出了些道理，我真的去认真读诗了，慢慢地能够一点一点去品味……后来，我确实写出了诗。在那时能发表十几首诗，也是小小的轰动。

学文学，靠的就是悟，没有这种"悟"，不可能产生灵感。

大学毕业后我回到合肥工作，在师专教书。有一天走在大街上，我眼睛一亮，迎面走来的正是李光业老师，离着10多米吧，我大声喊："李老师！"

我深深地给李老师鞠了一躬，不管多少人惊奇的目光，我只顾紧紧地握住李老师的双手。李老师表情复杂地微微笑着，突然朗声大笑："我读过你的诗，真真确确是诗——《不夜的茶山》《巢湖的琴声》……"这都是我回到安徽后发表在报刊上的。

"感谢老师的教诲！终生铭记。"我羞赧着脸，但一字一顿说出了积存在心中多年的话。

"老夫喜欢说笑。爱之切切，下药也重。"

我一定要请李老师吃饭。他说已退休了，正要去办一

三次水中
逃生

件事，以后肯定有机会。1980年，我的第一部长篇小说出版了，要送一本给李老师，却怎么也找不到他了。他住的地方房子已拆，面目全非，问了很多同学，又去母校合肥一中打听。因他在校教书时间短，又经过了"文化大革命"，谁也不知道他的去向。后来不时想起，总感到留了个深深的遗憾。

高三下学期，开始分科复习。我的理科成绩一向较好，"学会数理化，走遍天下都不怕"的影响根深蒂固。可能是因为缺饭饿怕了，虽然热爱文学，但我还是报考了理工科，希冀有个铁饭碗。在复习迎考中，关于将来从事何种职业，感情和理智的矛盾不断激化，心情变得烦躁。一个星期六的晚上，我不知不觉地走向李淑德老师家。

李老师是教生物的，性格开朗、豪爽，讲课生动。初一时，她就教我们植物课。在宿舍和教室之间有块实习园地，因为我是农村来的，又会种菜，课也听得有味，所以挖地，种草莓、马铃薯、麦子的劳动，当然是我做得较好。她就让我当植物兴趣小组组长，我以后热爱大自然探险、热爱生物学，喜欢追根求源，和李老师有着莫大的关系。不久新办了三初中，李老师调去了，我也调去了。我考上合肥一中，她也调到了一中。她常说："这个小刘先平（她喜欢在我名字前冠以'小'字，一直到现在还是常常冒出这个'小'字），我们就是有缘。我到哪，他到哪；他到哪，我到哪！"

三初中在城外，周末回家进城，那时没有公共汽车，她常常喊我同行。因为她怀有身孕，就扶着我的肩膀（我身材一直很矮，高一时我排在队尾，高三时就成了排头兵了）艰难地一步步走。我一直将她送到家，她留我吃饭，我也从不客气。她的几个孩子都喊我大哥哥。

到了她家，她正和丈夫殷老师说话。殷老师是位文弱书生，在教育厅工作。两人都很惊喜我的到来，那一年的招生人数少，上一年还动员同学们考大学，那年却早就开始动员大家上山下乡了。在这样紧张复习的时候还有空来，肯定有事。说了半天学习的情况，我才向李老师说了我的心事。话刚落音，李老师快人快语："小刘先平，一个人如果不能从事热爱的工作，一生都是很痛苦的……"

"你怎么这样说？现在是什么时候了？离考试只有两个月！"殷老师急了。

我还未见过殷老师这样大声说话。他平时语调温和，慢声细语，对李老师特别尊重，是一对很多人羡慕的恩爱夫妻。

李老师说："小刘先平没有父母，就当是我家的孩子。他是来听真话的，能讲假话糊弄他？你别为他考学校担心，他有毅力、有韧性，只要是定下心的事，一定能成功！这个时候他还来和我们谈这事，就是位特殊的学生！"

真是一语点破了懵懂。我说："我决定了，考文学！

非常感谢李老师的话，殷老师也别为我担心。我走了，回学校报告班主任，找文科复习材料！"

说完，我提脚就走，身后传来了殷老师埋怨李老师的声音。

班主任一再劝我别改。正如李老师说的，只要是定下的事，我就不会改。是的，只有两个月的复习时间，但我相信够了。

接到杭州大学中文系的录取通知书，到合肥办完了各种手续后，我去李老师家辞行。李老师拉住我的手，向殷老师说："你看，他这不是如愿以偿了吗？你一生都求稳，冒冒险，有时能得到意想不到的成果！"

人们常说运气、命运。人生道路上需要抉择时，一个人、一句话、一件小事，就能影响人一生的道路。我就是这样的幸运者！因为我有几位崇高的慈爱的老师。

我很幸运，在人生的关隘，总有敬爱的老师给我指路！大学毕业后，我也从事过10年教师工作，正因为我有着可敬可爱的老师。如今，也常在各种场合，遇到有叫"刘老师"的学生。

山谷里升起一朵白云

我是 1957 年开始发表文学作品的，先是诗歌、散文，后来因为从事教学，我将重点转移到美学研究和理论批评。

1972 年，我又被调到了文学杂志编辑部。

在编辑部工作，每月都要下去实地考察，我看重的就是这一点。儿时喜爱冒险、喜爱在山水之间的兴趣得到了充分地发展。我主动要求看皖南地区的来稿。皖南是山区，以著名的黄山为核心，多是名山名水。我做了个大致计划，每月总有一周时间是在皖南山水中漫游的，寻着大诗人李白、杜牧、陶渊明他们的游踪。山民的淳朴，大自然千奇百怪的造化，深深地吸引了我，常常能在山岩上一睡就是几小时。它使我忘掉了现实生活中纷争的世事，心灵是那样宁静、纯洁。我听到了很多山野的故事，见到了从未想过的神奇。

逐渐，我产生了徒步穿越石台——祁门——黟县——黄山原始森林的念头。我计划背个背包，独自一人，风餐露宿，用双脚去丈量那片崇山峻岭，每天记下见闻……不是决心不再为文学写一个字吗？这个决心不会改变，但我可以留给妻子、儿子读。

每次出差回来，我都是蓬头垢面，妻子嘲笑我是"野人归来"。就是在这样的漫游中，非常偶然的机会，在山野遇到了几位从事动物考察的大学教师。我们年龄相仿，有着同样的经历，相似的生活环境，又是在大自然中，大家很快就解除了防备的盔甲，坦露胸怀……我就是从他们那里知道"自然保护""生态平衡"、人与自然的和谐、珍贵稀有野生生物对人类的意义……他们领着我到达山顶，回头一看，我所走过的那片世界已完全改变，是一片崭新的神奇的世界，充满了科学、充满了神秘。

他们背着背包、干粮——最原始、简单的装备，忘我地工作，为了科学，为了事业。这是一种什么精神？大山是大自然的筋骨，他们是人类的筋骨！

我一次次跟随着他们在山野中跋涉，想方设法谋取机会，去江河湖海、荒漠戈壁中去寻求儿时的梦，去寻求自然的爱抚。我常常梦幻般地与大自然对话，倾诉心中的郁积，倾听它们的呼喊。

是的，是这些科学家领我走出了"大自然属于人类"的误区。

是的，是他们把我领到"人类属于大自然"的境界。在这个境界里，每走一步，都美不胜收。

但是，目睹了大片森林被乱砍滥伐、水土流失正在加重、蔓延的工业污染……自然生态严重破坏的恶果，引得我们痛心疾首。

我们在莽莽的原始森林中，追踪野人的足迹，考察短尾猴的社群结构，在三十六岗寻觅梅花鹿的身影，在山谷中倾听相思鸟的歌唱，窥视喧嚣的野生动植物世界残酷的生存竞争，窥视香花与毒草形成的特殊的生境……我们深深地被大自然的魅力、野生动植物世界的魅力、探险生活的魅力、人生哲理的魅力所诱惑。

大自然是部丰富多彩的百科全书，我贪婪地汲取着它的营养，同时也阅读了大量的生物学书籍。我和考察队结下了深厚的友谊，甚至成了其中的一员。

1978 年 5 月，我参加了考察队。经过两三天的紧张准备，我们出发了，那次主要是想彻底揭开野人——黄山短尾猴的秘密，同时，在野外寻找到皖南梅花鹿的踪迹。目的地是滴水崖一带的猴子街。山民们传说，那里是猴子的天下，它们自开商店，买卖兴隆；自开作坊，酿酒做糖……比《西游记》中的水帘洞更神奇。

第一天探山就很让我们吃了苦头。这是一片三县交界的深山区，途中见到很多残存的房基地。这里曾有过居民，但几十年前的一场血吸虫灾难，已使这地方变成了无人区。到处是稠密的次生林和亚热带地区的荆棘、金刚刺和老虎藤，每走一步都得用砍刀开路。草丛、灌木上布满了可怕的无孔不入的旱蚂蟥。途中在一小河滩休息，每人挑了一块石头坐下。刚点着香烟，猎人小张做了个怪相，示意我的裆下。低头一看，我惊得一蹦三尺高，好家伙，一条大

三次水中
逃生

蛇正从我坐的石头下探出，昂起了头！这就是山民们谈蛇色变的剧毒五步龙呀！大约是我坐上去后，石头压了它。大家先是一惊，接着哗然大笑："是你侵犯了它的领地，没咬着你算你运气。""你大富大贵呀，小龙出来迎接！"说笑中，大家还是纷纷急急站起……

我们好不容易才到达了山顶。在山顶上，我们仔细地观察了对面的滴水崖。

云雾中，山体陡峭，原始森林郁郁葱葱。滴水崖在两座大山中间，如练的高山小河奔腾而下，到了巨崖断头，果然有个大的瀑布。但断崖下正好有个小岭，挡住了我们的视线。向导说，那座小岭叫龙吐珠。以生境推测，那里很可能就是传闻中的"猴子街"，生存着我们考察了数年的、被当地人称之为野人的黄山短尾猴。科学是以事实说话的，但至今未采到标本。我们这次的主要任务之一是能采到标本。在确定了明天考察的基本路线后，我们就决定下山。

麻烦事来了，向导迷路了。我们只好寻找溪水，依据水向低处流的原理摸索着往山下去。天色转暗，太阳已经落山。真是祸不单行，溪流断头，巨崖笔立，总有五六米高，无路可走。不要说我们未带行李，即使带了，在这样布满毒蛇、旱蚂蟥、野兽的山野，临时也无法宿营。我们只有硬着头皮，顺着边缘往下爬。俗话说：上山容易下山难。这时，我们也顾不得防备旱蚂蟥和毒蛇了，一心往下。

我踩松了一块石头，骨碌碌就跌了下去。幸而岩下是烂泥，没受大伤，但也跌得够惨的。

摸黑回到宿营地——当地开采的一个小的铅锌矿工棚。矿长不在，会计管家，很不友好，连盐也不愿借一点，更别说蔬菜和食用油了。我们只好清汤寡水煮笋，每人还是吃了三大碗饭。笋子虽然是美味，但清水笋一到肚子，胃就开始难受，我难受得腰都直不起来。

但这次考察的收获是丰硕的，我们在滴水崖采到了短尾猴的标本，揭示了它生命史上的很多奥秘，寻找到了"猴子街"这个特殊的生境。不仅解决了它的分布界线，而且为以后大规模捕猴（完成科研后再放回山野）提供了可贵的借鉴。这些惊心动魄的场面，以后都编织到《云海探奇》中了。

那几天，每天都有惊人的发现，生活充满了乐趣，我已彻底忘掉了种种不快。由于每天吃水煮笋，我原有的胃溃疡迅速加剧，先是黑便，接着开始吐血，但我很好地掩盖了这一切，因为我感到这是一次难得的机遇，决不能放弃这次机遇，否则要后悔一辈子。

这一天，我们辗转来到了一个叫石门国——不知是如何的鬼斧神工，竟将一堵万丈巨崖劈开一道窄窄的石缝——穿过石门，天地豁然开朗。这是一片桃红柳绿、鸟语花香的天地，如进入桃花源。种种奇妙的景色、民俗、民情，使

三次水中
逃生

考察队员们惊喜不已。我们要在这里寻觅皖南野生梅花鹿的身影，落脚在一个叫汪河水家的地方。

汪河水家在三县交界点，北面、东面、南面和西面是三个县。山头上是孤零零的四五间瓦房。男主人出门了，女主人带着三个孩子在家。汪河水是他们曾祖父的名字。想当年，他只身一人，来这绵延几百里、荒无人烟、野兽出没的岭头上安身立命，那要具备何等的胆量！这里过去丈量土地时，实行的是"锣音亩"。敲一声锣，凡是方圆能听到的地方，这中间的一块地就是一亩。

这样寂静的孤零零的房子，一下来了一支奇装异服、背枪挑担，担头挂满采到的动物标本的小队伍，女主人以为是玩把戏的到了，乐得嘴都合不拢，露出两排玉米般的黄牙。烧饭时，猎人小张发现锅太脏，幸好门口就有山泉汇聚的小塘。他挑了三担水洗锅，但等到煮好饭，揭开锅一看，满锅饭还是像放了红豆，映着蓝黑的颜色。

晚上，我们全睡在牛屋上面简易的阁楼上。牛粪、牛尿的骚臭，从板缝中直冲鼻子，跳蚤成把抓。但大家太疲倦了，都很快进入了梦乡，只有我因为胃疼睡得稍晚了点。不久，又被"哗哗"的水声惊醒，以为是下雨了，却听不到瓦响。很长的时间，水声滴答而止，这才明白：好大的一泡牛尿！

黎明，我在鸟的叫声中醒来。走到山岭，山野的清香扑面。我深深地吸了几口，似乎已将一夜的污浊涤荡。

晨曦正将天宇展现，欢快的鸟鸣声中，山谷里逸出了淡淡的、丝丝缕缕的云丝，山岚飘忽着，在绿的森林上空汇聚，宛如怒放的望春花。清风裹着花的芬芳，柔柔地拂动着，露珠"滴滴答答"地响着……

啊！山谷里升起一朵白云，冉冉飘浮，云花灿烂；在绿海中，在山的怀抱中，变幻无穷；山在动，树在动，鸟在唱……充满生机，充满欢快，大自然无比壮丽、宏伟，惊人的和谐之美。太阳出来了，一道电光石火突然耀起——创作的冲动，使我激动得透不过气来，听到了大自然的呼唤，心灵已追着森林、白云、红日……这么多年在大自然中探险的种种生活，都展开成了生动的、无穷的画卷。

是的，就在那个早晨，就在那座山岭，就在山谷里升起一朵白云时，以后几部长篇小说中的无数场景、人物都鲜活地在脑海中展现……

是的，就是面对着山谷里升起的一朵朵白云，我决定恢复文学创作，写我在大自然中的见闻、思考，写我和大自然息息相通的对话。面前所展现的画卷，只有长篇小说才能表达。虽然我停笔了10多年，虽然我从未写过小说，更未写过长篇小说，但我有着最坚强的依靠——大自然母亲。

目睹了梅花鹿在两片森林中，往往复复和我们捉迷藏之后，因为吐血加剧，我只得离开营地。回到家中，整整

三次水中 逃生

躺了5天。

那年大旱，酷热。7月，我背了一包稿纸，较隐蔽地到了大别山佛子岭水库的招待所，开始了大自然文学的跋涉……这就是以后描写在野生动物世界探险的长篇小说《云海探奇》《呦呦鹿鸣》《千鸟谷追踪》的开始。

后记

1999年，为庆祝中华人民共和国成立50周年，著名作家葛翠琳大姐受出版社委托主编一本书——作家们畅谈与共和国一同成长，每人写三篇（学习高尔基《三部曲》的模式）。那本装帧精美的书出来后，葛大姐在电话中对我说："读了你的《三次水中逃生》《我的老师》《山谷里升起一朵白云》后，很感动，也非常惊奇。没想到你这个魁梧的大汉，少年时期吃过那样多的苦，深受磨难后终于又回到了学校，现在还能这样热情洋溢、豁达豪放，大概是大自然给予的吧！在考学中肯定还有故事，我非常希望你能写得精彩、详细一些，对现在的孩子、年轻朋友一定有意义……"

其实，那段生活我对外一直封锁，只让它不时在心里翻涌。葛大姐的话，促使我写了《考学》。其中有些与《三次水中逃生》重叠，读者肯定能够理解。写完后的七八天，年轻朋友李晓打来电话说："刘老师，许燕（他的夫人）

昨天回来后，晚上就读从你家拿来的一篇作品，一边读一边哭，哭得非常伤心。我问她，她不吭声，很久才冒出一句话："我们真应该过好每一天，不要辜负了今天的幸福生活。"刘老师，那究竟是篇什么作品？"

许燕读的是《考学》。

刘先平
40 余年大自然考察、探险
主要经历

1974 年—1980 年：

参加野生动物科学考察队和建立自然保护区的考察，主要区域在皖南的黄山和皖西的大别山。1980 年以前这里一直是刘先平的生活基地，至今每年至少考察两三次。这里美丽奇绝的自然风光、深厚的人文底蕴，曾吸引了诗仙李白等长期在此漫游。目睹了生态的恶化、珍稀动物的灭绝、人与自然的矛盾，激励刘先平于 1978 年重新拿起笔来呼唤生态道德，孕育了描写在野生动物世界探险的长篇小说《云海探奇》《呦呦鹿鸣》《千鸟谷追踪》及《爱在山野》《山野寻趣》等中篇。

作者在黄山考察。从 20 世纪 70 年代中期到 1981 年，黄山是作者的生活基地

刘先平从 1957 年开始发表作品，先是诗歌、散文，后涉足美学和文艺批评。

1978 年完成在野生动物世界探险的长篇小说《云海探奇》，1980 年出版，被认为是中国大自然文学的开篇之作、标志性作品。

那时的野外考察是很艰难的，在山里行走，只能凭着"量天尺"——双脚。根本没有野营装备，只能搭山棚宿营。科学家凭着什么去跋山涉水呢？是对祖国的热爱和对科学的探索精神。

1981 年：

4 月，考察云南西双版纳热带雨林，访问昆明植物研究所。为热带雨林繁花似锦的生物多样性震撼，从此走向更为广阔的自然，将认识大自然作为第一要务。5月，探险四川平武、黄龙、九寨沟、红原、卧龙等地并考察大熊猫。之后，在四川参加保护大熊猫、金丝猴的考察，前后历时6年。

著有长篇小说《大熊猫传奇》、考察手记《在大熊猫故乡探险》《五彩猴》等。那时这些地方还充满了原生态的独特美。10多年之后重走这条路，不少自然之美已找不到了。

1981年作者在川西参加考察大熊猫途中，穿越松潘草地。之后开始走向更为广阔的天地

1982年：

考察浙江舟山群岛生态和小叶鹅耳枥（是当时全世界尚存的唯一一棵）。描写在野生动物世界探险的长篇小说《呦呦鹿鸣》出版，另有《东海有飞蟹》。

1983年：

10月，在大连考察鸟类迁徙路线。11月，考察广东万山群岛猕猴及海南岛热带雨林、长臂猿、坡鹿、珊瑚。从这年开始，他认为大自然文学应是多样的，想将一个真实的自然奉献给读者，因而将主要精力转到对大自然探险中奇闻、奇遇的写作，著有《爱在山野》《麋鹿找家》《黑叶猴王国探险记》《喜马拉雅雄麝》《寻找树王》等。

1985年：

7月，沿辽宁丹东—黑龙江小兴安岭路线考察森林生态。

1986年：

8月，在新疆吐鲁番、乌苏、喀什等地探险及考察生态。

1988年：

赴甘肃酒泉、敦煌等地考察生态。

1991年：

9月，应邀赴法国、英国访问和交流，同时考察生态。著有《夜探红树林》等。

三次水中逃生

1992 年：

8 月，考察黑龙江大兴安岭、内蒙古呼伦贝尔森林和草原生态。

1993 年：

8 月，应邀赴澳大利亚访问和交流，同时考察生态。著有《鹦鹉唤早》等。

1995 年：

9 月，在黑龙江考察东北虎。

1996 年：

12 月，考察鄱阳湖、长江中游湿地、候鸟越冬地。"刘先平大自然探险长篇系列"（5 本）出版。

1997 年：

11 月，应邀参加中国作家代表团赴泰国访问，考察亚洲象。12 月，在海南岛考察五指山和霸王岭黑冠长臂猿。

1998 年：

7 月，考察云南澄江寒武纪生物大爆发化石群，抵达腾冲，原计划去高黎贡山寻找大树杜鹃王，因雨季受阻，在西双版纳探险野象谷。8 月，在新疆考察野马、喀纳斯湖和被称为天鹅故乡的巴音布鲁克，第一次穿越塔克拉玛干大沙漠。著有《天鹅的故乡》《野象出没的山谷》等。

1998 年，作者和李老师穿越塔克拉玛干大沙漠

1999 年：

4 月，在福建考察武夷山等自然保护区及动物模式标本产地和小鸟天堂，寻找华南虎虎踪。7 月，应邀赴加拿大、美国访问和交流，考察国家公园。8 月，一上青藏高原，主要考察青海湖。9 月，探访贵州麻阳河黑叶猴和梵净山黔金丝猴。著有《黑叶猴王国探险记》《灰金丝猴特种部队》。

2000 年：

1 月，考察深圳仙湖植物园。5 月，探险江苏大丰麋鹿自然保护区。7

月，二上青藏高原。探险黄河源、长江源、澜沧江源，由青海囊谦澜沧江源头和大峡谷至西藏类乌齐、昌都、八宿（怒江源头），到云南德钦、丽江、泸沽湖。沿三江并流地区寻找滇金丝猴。

作者和李老师前后历时近两月的行程，充满了难以想象的困苦和危险，但却充满了发现的快乐和幸福。谁能想到黄河源的鄂陵湖、札陵湖是那样的蓝，蓝得靛青！鄂陵湖中小岛上居然栖息着一级保护动物白唇鹿。夏天，鹿妈妈游水到草地，为小鹿驮来青草；冬天带着孩子从冰上去探望外面的世界，西藏有那样美丽的森林。10 月，赴广西考察白头叶猴。11 月，赴海南再次考察大田坡鹿、红树林生态变化。著有《掩护行动——坡鹿的故事》，"中国 DISCOVERY 书系"（4 本）出版。

2001 年：

8 月，应邀赴南非访问和交流，考察野生动植物。

2002 年：

3 月，赴安徽砀山考察。4月，赴高黎贡山寻找大树杜鹃，一探怒江大峡谷，但因大雪封山，未能到达独龙江。6 月，去湖北石首考察麋鹿。7 月，再去江苏大丰考察麋鹿。8 月，三上青藏高原，探险林芝巨柏群—雅鲁藏布江大峡谷—珠穆朗玛峰自然保护区，到达海拔 5200

2002 年，作者在高黎贡山无人区

米，瞻仰珠穆朗玛峰。历经数次受阻，21 年后终于瞻仰到美丽宏伟的大树杜鹃。完成《圆梦大树杜鹃王》《峡谷奇观》，另有《麋鹿回归》等。

2003 年：

4 月，在四川北川、青川考察川金丝猴、大熊猫、牛羚。8 月，应邀赴英国、挪威、丹麦、瑞典访问和交流，由挪威进入北极圈。著有《谁在跟踪》，"东方之子刘先平大自然探险系列"（8 本）出版。

2004 年：

8 月，横穿中国，由南线走进帕米尔高原，考察山之源生态、风土人情。路线是青海柴达木盆地察尔汗盐湖—可可西里—雅丹地貌—花

三次水中逃生

土沟油田，翻越阿尔金山到新疆若羌，再次穿越塔克拉玛干大沙漠至帕米尔高原。10月，参加中国作家代表团访问南非、毛里求斯、新加坡。著有《鸵鸟小骑士》等，《云海探奇》《千鸟谷追踪》收入"传世名著"。

2004年，作者在帕米尔高原冰山之父的慕士塔格峰

2005年：

7月，横穿中国，由北线走进帕米尔高原，寻找雪豹、大角羊、野骆驼。路线是甘肃河西走廊—罗布泊边缘，再次从北线穿越柴达木盆地到花土沟油田。原计划进入阿尔金山自然保护区，未成，回敦煌—库尔勒，第三次穿越塔克拉玛干大沙漠—托木尔峰—伽师—帕米尔高原—红旗拉甫。10月，在重庆金佛山寻找黑叶猴，在沿河土家族自治县再探黑叶猴。著有《走进帕米尔高原——穿越柴达木盆地》等，《黑麂迷踪》《寻找失落的麋鹿家园》出版。

2006年：

4月，二探怒江大峡谷。但又因大雪封山未能进入独龙江，转至瑞丽。6月，考察黑龙江佳木斯三江平原湿地。10月，第三次探险怒江大峡谷，终于到达独龙江。著有《东极日出》等。

2007年：

7月，去山东等地考察候鸟迁徙路线。9月，在四川马尔康、若尔盖湿地、贡嘎山等地寻访麝、黑颈鹤及层层水电站对生态的影响等。《胭脂太阳》《鹿鸣麂唤》出版。中英文双语版《我的山野朋友》、英文版《千鸟谷追踪》出版。

2008年：

7月，考察东北火山群，路线是黑龙江五大连池—吉林长白山天池—辽宁朝阳古化石群。9月，应邀访问英国、丹麦。"大自然在召唤系列"（9本）出版。

2009年：

6月，考察陕西秦岭南北气候分界线及大熊猫、羚牛、金丝猴、朱鹮。

2010 年：

9 月，应邀出席在西班牙举行的国际安徒生奖颁奖典礼，考察瑞士高山湖泊、德国黑森林的保护。"我的山野朋友系列"（16 本）出版，英文版《金丝猴跟踪》《爱在山野》《黑叶猴王国探险记》《麋鹿找家》出版。

2011 年：

6 月、9 月、10 月，到海南、西沙群岛探险。著有《美丽的西沙群岛》《七彩猴树》《寻找巴旦姆》《追踪雪豹》，英文版《大熊猫传奇》《云海探奇》出版。

2011 年，作者与李老师在西沙群岛东岛

2012 年：

7 月，探险神农架自然保护区。8 月，六上青藏高原，沿青海湖—可可西里—花土沟油田，前后历时 8 年，历经 3 次，终于进入阿尔金山自然保护区（四大无人区之一），看到了成群的野驴、野牦牛、藏羚羊、岩羊，最后到达西藏拉萨。著有《天域大美》《红豆相思鸟》等。

2013 年：

7 月，考察湘西和张家界的生态。8 月，在呼伦贝尔大草原考察。9 月，在南麂列岛考察海洋生物。"我的七彩大自然系列"（4 本）、"探索发现大自然系列"（8 本）出版。英文版《鸵鸟小骑士》出版。

2014 年：

3 月，考察云南、贵州喀斯特地貌的森林和毕节百里杜鹃——"地球的花腰带"。

2015 年：

3 月，赴南海考察珊瑚。著有《追梦珊瑚》《惊魂绿龟岛》等。8 月，赴宁夏考察贺兰山、六盘山、沙坡头、白芨滩、哈巴湖自然保护区。《寻访白海豚》《藏羚羊大迁徙》出版。《大熊猫传奇》和《云海探奇》影像版出版。

2016 年：

7月，赴英国考察皇家植物园和白崖。9月，考察黄山九龙峰自然保护区。10月，考察长江三峡自然保护区、恩施鱼木寨、水杉王、恩施大峡谷。《追踪黑白金丝猴》《海星星》《寻索坡鹿》出版。波兰文《金丝猴跟踪》《爱在山野》《黑叶猴王国探险记》《麋鹿回家》出版。

2017 年：

4月，考察牯牛降云豹的生存状况。10月，考察福建、广东海洋滩涂生物。11月，在黄山徽州区考察中华蜂的保护状况。著有长篇《追梦珊瑚》《一个人的绿龟岛》，另有《小鸟生物钟》。

2018 年：

2月，重返高黎贡山，考察盛花大树杜鹃王。3月，在当涂考察养蜂。5月，去雷州半岛考察海洋滩涂生物。8月，考察长江三峡地区生态变化。9月，考察云南中国科学院昆明植物研究所。12月，赴云南高黎贡山国家级自然保护区考察沟谷雨林和季雨林。著有《续梦大树杜鹃王——37年，三登高黎贡山》《孤独麋鹿王》《金丝猴跟踪》等。

2019 年：

4月，考察安徽宣城丫山国家地质公园。5月、6月，考察黄山九龙峰自然保护区。7月，考察青岛滩涂海洋生物。8月，考察九龙峰自然保护区。